U0324186

磷酸镁水泥制备与复合改性研究

廖建国　著

中国矿业大学出版社
·徐州·

内 容 提 要

本书主要对硼砂、壳聚糖、羟丙基甲基纤维素对磷酸镁水泥（MPC）浆体的凝结时间、强度及晶相结构的影响以及改性后的耐水性进行了总结。主要内容包括：研究的意义及国内外研究进展，硼砂对磷酸镁水泥水化硬化特性的影响，壳聚糖对磷酸镁水泥抗水性能的影响，羟丙基甲基纤维素对磷酸镁骨水泥性能的影响，$NaH_2PO_4 \cdot 2H_2O/NH_4H_2PO_4$ 复合对磷酸镁水泥水化硬化特性的影响，$NaH_2PO_4 \cdot 2H_2O/KH_2PO_4$ 复合对磷酸镁水泥水化硬化特性的影响，$NH_4H_2PO_4/KH_2PO_4$ 对磷酸镁水泥水化硬化特性的影响，磷酸镁注浆材料的制备与表征等。

本书可供相关科研人员和工程技术人员参考使用。

图书在版编目（C I P）数据

磷酸镁水泥制备与复合改性研究/廖建国著. —徐

州：中国矿业大学出版社，2021.9

ISBN 978 - 7 - 5646 - 5111 - 4

Ⅰ. ①磷… Ⅱ. ①廖… Ⅲ. ①水泥基复合材料—研究

Ⅳ. ①TB333.2

中国版本图书馆 CIP 数据核字（2021）第 169930 号

书　　名	磷酸镁水泥制备与复合改性研究
著　　者	廖建国
责任编辑	杨　洋
出版发行	中国矿业大学出版社有限责任公司
	（江苏省徐州市解放南路　邮编 221008）
营销热线	（0516)83884103　83885105
出版服务	（0516)83995789　83884920
网　　址	http://www.cumtp.com　E-mail:cumtpvip@cumtp.com
印　　刷	江苏凤凰数码印务有限公司
开　　本	787 mm×1092 mm　1/16　印张 6.25　字数 112 千字
版次印次	2021 年 9 月第 1 版　2021 年 9 月第 1 次印刷
定　　价	35.00 元

（图书出现印装质量问题，本社负责调换）

前　　言

　　磷酸镁水泥（MPC）是一种凝结硬化快、早期强度高、黏结强度高、干燥收缩小、耐磨、抗冻、生物相容性好的新型胶凝材料，无论是在民用建筑、军事建筑中还是在生物骨修复材料中，都具有很好的应用前景，因此得到了广泛关注。

　　本书研究了硼砂、壳聚糖（CS）、羟丙基甲基纤维素对磷酸镁水泥浆体凝结时间、强度及晶相结构的影响及掺入 CS 后 MPC 硬化体在水、模拟体液（SBF）、磷酸盐缓冲溶液（PBS）中浸泡不同时间后的强度和结构变化。第 1 章介绍了研究意义及国内外研究进展；第 2 章介绍了硼砂对磷酸镁水泥水化硬化特性的影响；第 3 章介绍了壳聚糖对磷酸镁水泥抗水性能的影响；第 4 章介绍了羟丙基甲基纤维素对磷酸镁骨水泥性能的影响；第 5 章介绍了 $NaH_2PO_4 \cdot 2H_2O/NH_4H_2PO_4$ 复合对磷酸镁水泥水化硬化特性的影响；第 6 章介绍了 $NaH_2PO_4 \cdot 2H_2O/KH_2PO_4$ 复合对磷酸镁水泥水化硬化特性的影响；第 7 章介绍了 $NH_4H_2PO_4/KH_2PO_4$ 复合对磷酸镁水泥水化硬化特性的影响；第 8 章介绍了磷酸镁注浆材料的制备与表征；第 9 章为总结与展望。

　　本书是河南理工大学廖建国博士课题组科研工作总结，课题组硕士研究生段星泽、张永祥、文静，本科生申晓娟、张喆轶等参与了部分研究工作，在此一并表示感谢。

在撰写本书过程中，作者参考了大量的文献资料，谨向相关作者深表谢意！

限于作者水平和能力，书中疏漏和不妥之处在所难免，敬请读者斧正，不吝赐教。

作 者

2021 年 1 月于河南理工大学

目　　录

目　录

第 1 章　概　　述

磷酸镁水泥（magnesium phosphate cement，简称 MPC）主要由氧化镁（MgO）、磷酸盐、缓凝剂及其他外加剂按一定比例与水混合而成。MPC 具有快硬、高强、高黏结性、良好的体积稳定性以及养护简单等优点，因此受到广泛关注。MPC 是通过重烧 MgO 粉料、磷酸二氢铵（$NH_4H_2PO_4$）粉料及调凝材料并按一定比例配制而成的[1]，但反应过程中会产生大量氨气，对环境造成污染。A. S. Wagh 等[2]最早使用磷酸二氢钾（KH_2PO_4）代替 $NH_4H_2PO_4$ 制备出了水化性能更优异的磷酸钾镁水泥（potassium magnesium phosphate cement，简称MKPC），克服了使用 $NH_4H_2PO_4$ 在制备 MPC 过程中释放 NH_3 的缺点，并将其用作固核、固废材料。近年来，国内外学者对 MPC 的制备、水化产物、微观结构、水化机理、性能改善等进行了大量研究[3-8]，取得了丰硕成果。本章在总结已有研究成果的基础上，重点对 MPC 的制备、水化机理与产物以及在快速修补、骨修复、工业废料利用、固化有毒危险废弃物等领域中的应用现状进行综述。

1.1　磷酸镁水泥制备

1.1.1　MgO

MgO 是 MPC 最重要的组分之一。MPC 的强度主要取决于水化产物生成量、水化产物晶体的稳定性以及完好程度、未水化 MgO 颗粒的骨架作用[9]。MgO 溶解前需润湿,以提高 MgO 表面的无序程度,如粉磨 MgO 易被润湿,其活性提高的同时水泥凝结时间缩短[10]。杨建明等[11]研究表明:随着 MgO 粉和 KH_2PO_4 的颗粒粒径减小,早期水化反应速率加快,凝结时间缩短,但是对于抗压强度,并非颗粒越小其值越大。在最佳 MgO 粉和 KH_2PO_4 粒度范围内,MPC 硬化体抗压强度最高。常远等[12]研究表明:MPC 净浆的流动性和凝结时间是由 30 μm 以下的 MgO 颗粒控制的,30 μm 以下的颗粒越多,流动性越差,凝结时间越短;MPC 后期抗压强度主要取决于 30~60 μm 范围内的 MgO 颗粒,这个粒径范围的 MgO 所占质量比例越大,对 MPC 净浆后期强度越有利。此外,良好的 MgO 颗粒级配可以降低 MPC 的收缩率并改善其体积稳定性[13]。

通常将 1 200 ℃ 以下煅烧得到的 MgO 称为轻烧 MgO,而高于 1 200 ℃ 煅烧得到的 MgO 称为重烧 MgO。轻烧 MgO 颗粒疏松,表观密度根据煅烧温度、保温时间的不同而有较大差异,具有很高的活性,Mg^{2+} 溶解速率极快,不利于控制 MPC 的凝结时间;高温煅烧 MgO,结晶完好,结构致密,其密度可达 3.4 g/cm³ 以上。Y. Li 等[14]将轻、重质 MgO 在不同温度下煅烧后发现:随着煅烧温度提高,MgO 表面光滑度逐渐提高,同时 MgO 粒径逐渐增大(图 1-1),煅烧温度并不影响 MgO 的化学组成。提高煅烧温度,在一定程度上可以提高 MPC 试样的抗压强度。但随着 MgO 煅烧温度升高和比表面积增大,MPC 基材料干缩增强[15]。胡张莉等[16]采用回归法将影响 MPC 凝结时间的因素建立模型,误差分析表明:在所研究的因素中,重烧 MgO 粉比表面积对 MPC 凝结时间的影响更显著。

综上可知:选择 MgO 主要由两个因素决定:一是煅烧温度。配制 MPC 时 MgO 煅烧温度一般在 1 500~1 700 ℃ 之间,活性极低,Mg^{2+} 溶解速率低,较少缓凝剂掺量就可获得相对较长的凝结时间。二是颗粒细度。MgO 粒度与 MPC 早期水化反应密切相关。MgO 颗粒越细,比表面积越大,越容易发生反应,其反应活性也越强,与磷酸盐反应形成水化产物越快,凝结时间越短,可提高水泥早期强度,但对后期强度影响不大。

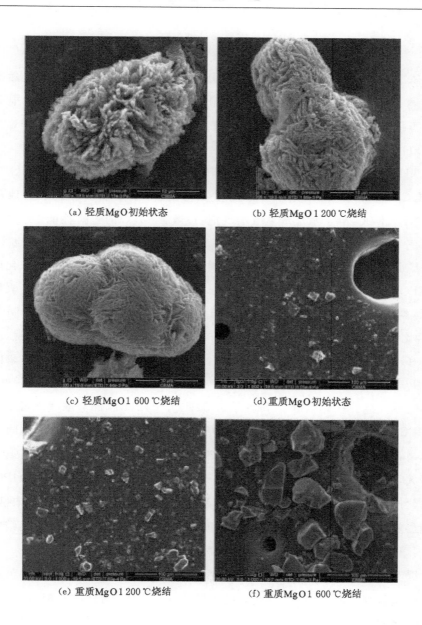

（a）轻质 MgO 初始状态　　　　　　　（b）轻质 MgO 1 200 ℃烧结

（c）轻质 MgO 1 600 ℃烧结　　　　　　（d）重质 MgO 初始状态

（e）重质 MgO 1 200 ℃烧结　　　　　　（f）重质 MgO 1 600 ℃烧结

图 1-1　MgO 烧结前、后表面形貌[14]

1.1.2　磷酸盐

磷酸盐作为 MPC 主要组分之一,其种类也影响 MPC 的性能。虽然磷酸盐种类有很多,但必须要满足提供水化反应所需的酸性环境和磷酸根等离子。可用于配制 MPC 的磷酸盐主要有 $NH_4H_2PO_4$、$(NH_4)_2HPO_4$、KH_2PO_4、K_2HPO_4、NaH_2PO_4、Na_2HPO_4 等。

$NH_4H_2PO_4$ 是最早用于配制 MPC 的磷酸盐,其水溶液 pH 值最低,有利于 MgO 的早期溶解,早期水化产物量相对较多,早期强度也高于其他磷酸盐。$NH_4H_2PO_4$ 溶于水形成氨气小气泡,可改善 MPC 的工作性能[17],但溢出的氨气会对环境产生影响,为了避免污染环境,现在用 KH_2PO_4 代替 $NH_4H_2PO_4$ 制备 MPC,与 $NH_4H_2PO_4$ 制备 MPC 的性能相似,其主要水化产物 $MgKPO_4 \cdot 6H_2O$ 与 $MgNH_4PO_4 \cdot 6H_2O$ 具有相同的结构,区别是 K^+ 取代了 NH_4^+ 的位置[18]。但是 S. Fan 等[19]研究结果表明:使用 $NH_4H_2PO_4$ 制备的 MPC 比使用 KH_2PO_4 制备的具有更高的早期强度和水化温度,且后期强度发展更好;$NH_4H_2PO_4$ 与 KH_2PO_4 当量混合物制备的 MPC 比仅含有单一磷酸盐的 MPC 的强度高;加入三聚磷酸钠($Na_5P_3O_{10}$)能延长 MPC 的固化时间,改善其机械性能。杨建明等[20]研究了 $Na_2HPO_4 \cdot 12H_2O$ 部分取代 KH_2PO_4 制备 MPC,研究结果表明:随着 $Na_2HPO_4 \cdot 12H_2O$ 的掺入,其拌和浆体的流动性提高,凝结时间有所延长,体系放热放缓,早期强度有所下降,后期强度影响不大,主要水化产物仍是 $MgKPO_4 \cdot 6H_2O$,但也认为存在 $Na_2Mg(HPO_4)_2$ 等水化产物,使结构更致密,有利于后期强度的发展。相同物质的量浓度时,磷酸二氢盐较磷酸一氢盐更能促进 MPC 水化反应的发生,使 MPC 凝结时间缩短,早期强度增长较快[21]。

综上可知:磷酸盐的选择对 MPC 性能有着重要影响,使用磷酸二氢盐比磷酸一氢盐制备的 MPC 综合性能更优异。此外,磷酸盐之间复配,可以制备结构更致密、性能更优异的 MPC。

1.1.3　缓凝剂

MPC 凝结硬化速度很快,单一控制 MgO 活性不足以制备凝结时间合适的 MPC，伴随着 MPC 水化反应的发生，释放出大量热量，使用缓凝剂可降低其水化放热速率，对大体积工程极为有利。研究人员[22-23]通过研究 $Na_5P_3O_{10}$、$Na_2B_4O_7 \cdot 10H_2O$ 和硼酸（H_3BO_3）对 MPC 凝结时间的影响后发现：缓凝剂不仅能延长 MPC 的凝结时间，还能减少早期水化放热量。$Na_5P_3O_{10}$ 的溶解度受 $NH_4H_2PO_4$ 的浓度影响，在饱和 $NH_4H_2PO_4$ 溶液中溶解度最大为 340 g/L，此时凝结时间最长（15 min），而对于同样材料掺入 $Na_2B_4O_7 \cdot 10H_2O$ 和 H_3BO_3 获得的最长凝结时间为 1 h。这 3 种缓凝剂的缓凝机理有所差异：硼氧化物通过延迟 MgO 的分散来达到缓凝效果，而 $Na_5P_3O_{10}$ 则是通过吸收晶体核子来抑制晶体成核和生长，也可能是通过 MgO 的螯合作用来实现缓凝[23]。此外，$Na_2B_4O_7 \cdot 10H_2O$ 还通过调节体系 pH 值、降低体系反应温度进一步起到延缓 MgO 水化反应的作用[24]。当六偏磷酸钠 $[(NaPO_3)_6]$ 作为缓凝剂时，能快速发生电离，通过静电吸附作用吸附在 MgO 颗粒表面，阻遏其水合过程；同时部分释放出 PO_4^{3-}，并通过同离子效应，限制 $H_2PO_4^-$ 电离过程，从而改变 MPC 水化过程，有效控制其水化反应速率，且不影响其强度增长[21]。

综上可知：缓凝剂的作用机理主要包括三个方面：① 缓凝剂溶解在水中吸附、包裹在 MgO 表面或者是限制 $H_2PO_4^-$ 的电离过程，降低 PO_4^{3-} 生成量，抑制水化过程，从而降低反应速率；② 调节反应体系 pH 值和降低体系反应温度，进而减缓反应进程；③ 缓凝剂通过与 MgO 的螯合作用吸收水化产物晶体核子，阻碍晶体的成核和生长，从而实现缓凝。

1.1.4　改性剂

只采用 MgO、磷酸盐以及缓凝剂制备的 MPC 不但成本高，而且性能单一，难以满足各种实际需要，因此复合改性剂成为 MPC 重要的附加组分。

国内外学者研究发现：在 MPC 中加入一定量粉煤灰可不同程度地提高 MPC 的强度。A. S. Wagh[25]最早对 MPC 吸收 C 级和 F 级粉煤灰以及它们的混合物进行了系统研究，研究结果表明：粉煤灰掺量能达到 50%～70%，MPC 强度高于 50MPa。此外，MPC 基材料干缩性随粉煤灰掺量降低而增强[12]。

在 KH_2PO_4 作为磷酸盐的 MPC 中掺入 40％粉煤灰，28 d 抗压强度高达 70 MPa[26]。粉煤灰在 MPC 中产生的效应，除形态效应、活性效应、微集料效应外，还包括吸附 $PO_4{}^{3-}$ 延缓 MPC 水化的吸附效应[27]。D. V. Ribeiro 等[28]将离合器生产过程中所产生的一种磨细灰掺入 MPC 后对 MPC 早期的水化反应、水化产物和凝结时间影响不大，但随着磨细灰掺量的增加，早期强度增加，当掺量为 30％时强度最高。

黄煜镔等[29-30]对 EVA 乳液（醋酸乙烯-乙烯共聚乳液）改性 MPC 进行研究，研究结果表明：随着 EVA 乳液掺量增加，MPC 的抗压强度与抗折强度先提高后降低；EVA 乳液能显著增大 MPC 黏结强度与断裂能；EVA 乳液不改变 MPC 水化产物类型，但改变水化反应速率，影响水化产物形貌，使其结构更加致密（图 1-2）。实验证明：掺入硅溶胶或 HEA 高效防水剂，可大幅降低磷酸镁复合改性水泥混凝土的孔隙率并改善其孔隙结构，从而改善其抗渗性能[31]。

P. K. Donahue 等[32]发现与常见纤维（如玻璃纤维、涤纶纤维、植物纤维等）增强硅酸盐水泥复合材料的强度随时间推移逐渐下降不同，由于 MPC 基材料呈微碱性，这些纤维与 MPC 有很高的相容性，可以提高水泥抗弯强度、韧性和收缩性能，材料在加速老化条件下仍能保持其性能。目前关于 MPC 复合改性剂的研究主要集中在粉煤灰、纤维、聚乳液以及工业生产的一些废渣等，以粉煤灰、纤维作为 MPC 外加组分的研究和应用最多，而以矿渣、聚乳液作为 MPC 复合改性组分的报道较少。改性组分通常对 MPC 水化产物类型影响不大，但是可改变水化反应进程，影响水化产物形貌，使其结构更致密。通过复合改性材料，可降低 MPC 成本，制备不同特性和综合性能更优异的 MPC，扩大其使用范围。

1.2 水化机理与水化产物

MPC 水化反应是以酸碱中和反应为基础的放热反应。A. S. Wagh 等[33]关于 MPC 凝结硬化过程给出了比较直观的解释（图 1-3）。其水化反应机理

(a) 改性前 3 h

(b) 改性前 24 h

(c) 改性前 15 d

(d) 改性后 3 h

(e) 改性后 24 h

(f) 改性后 15 d

图 1-2　EVA 乳液改性前、后 MPC 扫描电镜[29]

可具体分为三个阶段：

① 反应物溶解，"水溶胶"形成。MgO、磷酸二氢盐、$Na_2B_4O_7 \cdot 10H_2O$ 与 H_2O 混合后，磷酸二氢盐遇水溶解形成 $H_2PO_4^-$ 离子，使水泥浆体呈弱酸性，促使 MgO 溶解形成 Mg^{2+}［图 1-3(a)］。随后 Mg^{2+} 与水分子通过络合反应形成正电荷"水溶

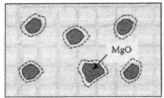

(a) 氧化物的溶解
$$MgO + H_2O \rightarrow Mg^{2+}(aq) + 2OH^-$$

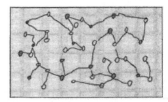

(b) 形成水凝胶
$$Mg^{2+}(aq) + \quad O{<}^H_H \rightarrow [Mg{\leftarrow}:O^{-H}_H]^{2+}(aq)$$

(c) 酸碱反应和缩合
$$Mg(OH)^{2+}(aq) + HPO_4^{2-} + 2H_2O \rightarrow MgHPO_4 \cdot H_2O$$

(d) 渗透和凝胶形成

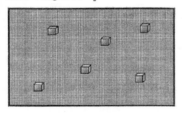

(e) 饱和与结晶

图 1-3　MPC 水化过程[33]

胶"（$[Mg{\leftarrow}:O^{-H}_H]^{2+}(aq)$）[图 1-3(b)]。

　　② 酸碱反应，凝胶体形成。随着水化反应的进行，水合镁离子与$H_2PO_4^-$、NH_4^+迅速发生酸碱反应，如图 1-3(c)所示。由于该反应是放热反应，能提高水化速率，水化产物量增加。由于体积膨胀而冲破保护层，更多的 Mg^{2+} 离子进入溶液中形成大量的水化产物，连接形成凝胶体，如图 1-3(d)所示。

　　③ 凝胶体饱和结晶。随着反应继续进行，越来越多的水化产物形成凝胶体，同时随着水化产物晶核的不断生长、长大以及相互之间接触和连生，使得凝胶体连接得更加紧密，MPC 浆体内形成了一个以未水化的 MgO 颗粒为骨架，以磷酸盐结晶水化产物为黏结料的结晶结构网，进而使 MPC 浆体转变为具有很高力学性能的硬化体，如图 1-3(e)所示。

但另外有一部分学者认为 MPC 的水化反应机理是溶液扩散机理,即当 MPC 与水混合后,磷酸盐与硼砂迅速溶解于水,而 MgO 的溶解速率要慢得多,硼砂溶出的 $B_4O_7^{2-}$ 离子迅速吸附到 MgO 颗粒表面形成一层保护膜,延迟了 MgO 的溶解,阻碍 MgO 与 NH_4^+ 和 $H_2PO_4^-$ 离子接触,从而起到了缓凝作用。随着 NH_4^+ 和 $H_2PO_4^-$ 离子逐渐渗入并透过阻碍层,水化反应速率增大,同时磷酸盐水化产物不断增加并向外生长,以 MgO 为骨架结构,与水化产物相互穿插形成网状结构,从而使 MPC 硬化[1,24,34]。

MPC 水化产物的种类、特征以及水化产物与材料性能之间的关系是目前的研究重点。研究认为[35] MPC(以磷酸二氢铵为磷源)主要的水化产物是 $MgNH_4PO_4 \cdot 6H_2O$(鸟粪石),其化学反应方程式为:

$$MgO + NH_4H_2PO_4 + 5H_2O \longrightarrow MgNH_4PO_4 \cdot 6H_2O \qquad (1-1)$$

若化学反应过程不能提供足够的水,MPC 浆体水化过程还会生成一些低结合水的 $(NH_4)_2Mg(HPO_4)_2$,化学反应过程如下:

$$MgO + 2NH_4H_2PO_4 + 3H_2O \longrightarrow (NH_4)_2Mg(HPO_4)_2 \cdot 4H_2O \qquad (1-2)$$

随着 MPC 硬化体自然养护龄期的不断延长,低结合水的水化产物 $(NH_4)_2Mg(HPO_4)_2$ 会吸收空气中的水转变为 $MgNH_4PO_4 \cdot 6H_2O$,且转化过程中会造成硬化体强度降低。研究表明:$MgNH_4PO_4 \cdot 6H_2O$ 的形成受水溶液 pH 值,Mg^{2+}、NH_4^+、PO_4^{3-} 离子的物质的量比以及杂质 Ca^{2+} 影响,且在反应过程中相互作用、相互制约[36-39]。

姜洪义 等[1] 研究表明:MPC 水化产物还包括 $MgNH_4PO_4 \cdot H_2O$、$Mg_3(PO_4)_2 \cdot 4H_2O$、$MgNH_4H_2PO_4 \cdot H_2O$ 和 $(NH_4)_2Mg_3(HPO_4)_4 \cdot 8H_2O$。T. Sugama 等[4]认为水化产物中还含有一定量的 $Mg(OH)_2$,但是 B. Abdelrazig 等[6]却认为 MPC 水化产物不会生成不含 NH_4^+ 离子团的水化产物,如 $Mg_3(PO_4)_2 \cdot 4H_2O$ 和 $Mg(OH)_2$ 等。

在以钾系磷酸盐为主要原料的 MPC 研究中,H. Y. Ma 等[40]假设 $MgKPO_4 \cdot 6H_2O$ 为唯一反应产物,并基于化学计量因素和反应程度对 MgKPO_4 $\cdot 6H_2O$ 的孔隙率模型进行计算机模拟(图 1-4),所计算孔隙率和模拟孔结构都发现与水银压入法(MIP)测定结果一致,且与 MIP 测定的孔隙率相比较,

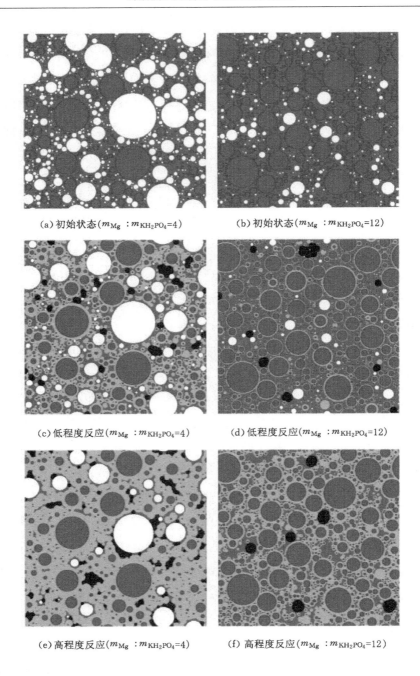

（a）初始状态（$m_{Mg}:m_{KH_2PO_4}=4$）　　（b）初始状态（$m_{Mg}:m_{KH_2PO_4}=12$）

（c）低程度反应（$m_{Mg}:m_{KH_2PO_4}=4$）　　（d）低程度反应（$m_{Mg}:m_{KH_2PO_4}=12$）

（e）高程度反应（$m_{Mg}:m_{KH_2PO_4}=4$）　　（f）高程度反应（$m_{Mg}:m_{KH_2PO_4}=12$）

图 1-4　模拟 MPC 微观结构（$m_w/m_c=0.2$）[40]

模型精度是可接受的。

综上可知：MPC 主要水化产物为 $MgNH_4PO_4 \cdot 6H_2O$ 或 $MgKPO_4 \cdot 6H_2O$，另外还有少量的 $MgNH_4PO_4 \cdot H_2O$、$MgNH_4H_2PO_4 \cdot H_2O$、$(NH_4)_2Mg_3(HPO_4)_4 \cdot 8H_2O$ 等。关于是否存在 $Mg(OH)_2$，仍存在较大争议；$MgNH_4PO_4 \cdot 6H_2O$ 或 $MgKPO_4 \cdot 6H_2O$ 在 MPC 水化产物中含量最多、黏结性最好，其结构变化直接影响 MPC 的质量。

1.3　磷酸镁水泥耐久性研究

1.3.1　抗水性

若将 MPC 试件长期浸泡在淡水中，其强度会发生一定程度降低。MPC 抗水性能较差是由于 MPC 中未反应的磷酸盐遇水溶解形成酸性溶液，促使对 MPC 硬化体强度起主要作用的水化产物 $MgNH_4PO_4 \cdot 6H_2O$ 或 $MgKPO_4 \cdot 6H_2O$ 的溶解，进而使 MPC 体系结构疏松、孔隙率增大、强度降低。李东旭等[41]研究发现：调整 MgO 与 KH_2PO_4 的物质的量之比可以提高 MPC 的耐水性，即 MgO 含量越高、磷酸盐含量越低，其耐水性越好。外掺 HEA 高效防水剂[31]、硅溶胶[42]、纤维素可大幅度提高 MPC 基体密实度，并有效改善其抗水性。C. Shi 等[43]研究表明：添加水玻璃可加速 MPC 早期水化反应速度，降低水化产物结晶度，显著增加孔结构，早期耐水性显著改善。陈兵等[44]通过掺加混合材料（粉煤灰、硅微粉和分散乳胶粉）对 MPC 进行改性，结果证明这 3 种混合材料都能很好地改善 MPC 抗水性。主要机理是：乳胶粉是一种憎水性材料，其可在 MPC 硬化后浆体中形成一层憎水性保护膜，从而减少可溶性磷酸盐溶出。掺入硅微粉能提高其抗水性的主要原因是：由于硅微粉颗粒较细，其填充在 MPC 基体颗粒孔隙中，起到填充密实作用，使水无法进入基体的内部，阻止水对基体的进一步破坏。粉煤灰含有的一些活性金属氧化物参与了 MPC 的水化反应，消耗了一些未反应的磷酸盐，使得 $MgKPO_4 \cdot 6H_2O$ 不易溶解，从而改善了其抗水性[45]。研究表明：当粉煤灰掺量为 40% 时，MPC 材料的抗水性和耐海水腐蚀性能得到显著提高,可满足露天环境和海港工程的修补要求[46]。

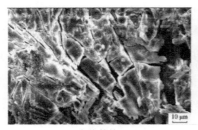

(a) 自然养护28 d　　　　　　　(b) 掺粉煤灰自然养护28 d

图 1-5　自然养护条件下净浆 MPC 和掺粉煤灰 MPC 浆体 SEM 照片[46]

综上可知:改善 MPC 的水性具体措施主要包括三个方面:

① 通过提高镁与磷的物质的量之比来降低 MPC 中残余的磷酸盐含量,从而阻止 $MgNH_4PO_4 \cdot 6H_2O$ 或 $MgKPO_4 \cdot 6H_2O$ 的溶解;

② 掺入超细填料填堵硬化体内毛细孔道,改变基体孔结构、降低孔隙率、提高其密实性,从而提高 MPC 抗水性;

③ 添加憎水性材料,其可在 MPC 硬化后浆体中形成一层憎水性保护膜,从而减少可溶性磷酸盐溶出。

1.3.2　耐腐蚀性

研究发现:MPC 在不同浓度的酸、碱、盐溶液中浸泡 15 d 后,其抗压强度损失率仅在 9％～17％之间,且外观良好[47]。李九苏等[31]将磷酸镁复合改性水泥混凝土分别放在浓度为 3％的 NaCl 溶液和 Na_2SO_4 溶液中浸泡 90 d 后,其抗压强度仅分别下降 4％和 9％。汪宏涛[48]将 MPC 试件浸泡在浓度为 10％的硫酸钠溶液中,210 d 后试件外观依然完整,强度损失率与在淡水中浸泡基本相当。蒋江波等[49]采用海砂、海水制备的海工 MPC 基材料,自然养护 2 h 抗压强度可达 28 MPa 以上,1 d 抗压强度达 52 MPa 以上,凝结时间可控制在 25 min 以内,海水、海砂并未对材料体系早期强度发展产生负面影响,经海水侵蚀 180 d,抗压强度在 40 MPa 以上。MPC 砂浆的抗渗性能优于普通水泥砂浆,且掺加粉煤灰的 MPC 砂浆的抗氯离子渗透性能优于未掺粉煤灰砂浆[50]。

综上可知：MPC 具有良好的耐酸、碱、盐侵蚀能力。

1.3.3　抗冻性

混凝土抗冻性直接影响混凝土耐久性。在温度单因素影响下，MPC 经过 40 次冻融循环后发现 MPC 没有出现任何剥离和损伤现象[51]。Q. Yang 等[52]认为 MPC 抗冻性良好的原因是磷酸镁胶结材料结构密实，同时磷酸盐与 MgO 发生反应产生了氨气等大量气体，获得很高的含气量和良好的气泡结构参数，从而得到与物理引气一样的抗冻和抗盐冻效果。伊海赫等[53]研究结果表明：低温养护下失效 MPC 硬化体表面析出物的主要成分为 $MgKPO_4 \cdot 6H_2O$，低温下 MPC 硬化体毛细孔的自由水结冰膨胀及膨胀性针状 $MgKPO_4 \cdot 6H_2O$ 结晶在浆体内部孔隙和微裂纹处生长，是主要的破坏失效机制。

因此，MPC 抗冻性良好的原因：一方面是磷酸镁胶结材料结构密实，水灰比非常低，材料中的自由水含量少，被动结冰膨胀性大大降低；另一方面是磷酸镁胶结材料中磷酸盐与 MgO 反应产生了大量氨气，使其内部存在良好的气泡结构，从而达到与物理引气效果类似的抗冻效果。

1.3.4　耐磨性

对于用于道路工程的 MPC 材料来说，耐磨性十分重要。陈兵等[44]比较了 MPC 净浆、粉煤灰改性、微硅粉改性和乳胶粉改性 MPC 砂浆的耐磨性（表 1-1），结果表明这 4 种 MPC 材料耐磨性均良好且相似。

表 1-1　MPC 耐磨性

类别	MPC 净浆	50%粉煤灰改性 MPC	10%微硅粉改性 MPC	2%胶粉改性 MPC	硅酸盐水泥混凝土
抗压强度/MPa	58.5	75.5	58.0	55.5	56.9
耐磨系数	6.58	7.23	6.90	6.20	3.92

姜洪义等[54]通过试验比较 MPC 砂浆、MPC 混凝土与普通混凝土的耐磨性后认为：MPC 材料表现出较强耐磨性的原因在于 MPC 材料中存在大量未参与

反应的重烧 MgO 颗粒,而重烧 MgO 颗粒本身具有很高的耐磨性。

因此,MPC 基材料的高耐磨性源自:一方面,原材料自身具有高耐磨性以抵抗外力;另一方面,反应剩余 MgO 颗粒作为骨架与高黏结性的水化产物相互连接形成网状结构以保证磨损过程中 MPC 不发生开裂且能整体抵抗外力。

1.4 磷酸镁水泥的应用

1.4.1 快速修补

MPC 材料作为路面修补材料,不但自身凝结硬化快、强度高、施工方便、耐久性好、易养护、耐磨性高、价格适中、可以在较低温度下施工,而且与原有混凝土黏结强度高,是一种用于快速抢修路面的理想材料。MPC 不需要特别养护,在空气中即可完成,可节约养护时间,加快道路修补的速度。自 20 世纪 80 年代开始,欧美发达国家就利用 MPC 的快硬、高强性能,将其大量应用于道路、桥梁及飞机跑道等工程的快速修补。

1.4.2 固化有毒危险废弃物

马保国等[55-56]利用 MPC 对 Pb^{2+}、Zn^{2+}、Cu^{2+} 重金属硝酸盐进行固化,其研究结果表明:MPC 对重金属进行固化的效果由强到弱依次为 Pb^{2+}、Cu^{2+}、Zn^{2+},浸出毒性数值远低于国家标准要求。Pb^{2+} 促进了水化产物的生成,而 Cu^{2+} 和 Zn^{2+} 抑制水化。A. Viani 等[57]将含石棉废料与碳酸镁混合煅烧,石棉在 MgO 形成过程中被完全破坏,使用煅烧产物制备 MPC,强度可达到水泥标准。污染物废弃物与部分 MPC 水化产物发生反应形成新磷酸盐,而这种有害物的磷酸盐溶解度远小于其氧化物或盐溶解度。固化过程中,有害污染物转变为不溶磷酸盐,同时,新形成的磷酸盐被包裹于 MPC 的水化产物网络结构体中;固化效果明显优于以往处理方法。在未水化的废料制品中加入适量粉煤灰,或者将制品浸入高聚物溶液中,形成一层防护膜,可降低制品孔隙率,显著减少盐类阴离子溶出。除了固化有害和放射性废料,MPC 还可以用于屏蔽大型受辐射设备和部件[23],在防核辐射材料方面也有很好的应用前景。

1.4.3　骨修复

近年来,研究者通过对 MPC 生物相容性及生物活性评价后开始重视其作为骨修复材料的研究与应用[58-62]。MPC 所具有的诱导成骨能力可能与含镁有关,因为在其他镁基生物材料中也观察到刺激骨生长现象[63-68]。此外还有研究表明:Mg^{2+} 在骨细胞的新陈代谢中具有重要作用[69],能够提高破骨细胞和成骨细胞的活跃性[70]。MPC 还可作为软骨修复材料[71]、骨创面止血剂[72]以及药物和生长因子载体[73],也可用于牙科[74]。研究发现:将 Mg 元素掺入磷酸钙骨水泥中,能够影响羟基磷灰石(HAP)晶体的形成和生长[75-77]。到目前为止,已报道大量关于磷酸镁生物骨水泥的固化过程和生物学行为等方面的研究[78-80]。

G. Mestres 等[81-82]将 MgO 与 NaH_2PO_4 和 $NH_4H_2PO_4$ 混合制成的 MPC 比单一磷酸盐骨水泥水化产物结构更致密,产物粒度更均匀,早期抗压强度和与牙本质的黏结强度明显提高。动物实验研究表明[83-84]:MPC 作为生物固定物能通过诱导纤维软骨形成、限制纤维组织疤痕形成和增加骨整合,来改善肌腱与骨的愈合,在术后早期能改善植入物与骨的稳定性,且材料大部分降解吸收发生在与骨愈合相匹配期间内(约 26 周);编织骨取代 MPC 会重建一个植入物-骨界面;MPC 促进骨-种植体结合和邻近骨成骨,有利于骨愈合。

上述研究表明:MPC 凭借优良黏结性、高强度、骨诱导、生物相容、可降解等诸多优点,在医学材料中具有广泛的应用前景。目前 MPC 作为生物材料在医学领域中的研究与应用才刚刚开始,随着研究的不断深入,其性能将得到不断改进,在医学领域中的应用必将得到扩展和加深。

1.5　本研究的意义

MPC 是一种室温下通过化学反应形成的新型胶凝材料。与传统水泥相比,其操作简单方便,而最终水化产物具有同陶瓷制品一样良好的力学性能、致密度、耐酸碱盐腐蚀性能及防钢筋锈蚀等优点。同时 MPC 可以大掺量地胶结各种工业废弃物,如粉煤灰、矿渣等,因此是一种非常有研究价值、节能环保的新型绿色材料。

MPC 水化反应机理与硅酸盐水泥完全不同,其水化时不产生 $Ca(OH)_2$,体系孔溶液呈酸性,pH 值较低,在对其耐海水侵蚀性能进行系统研究后,可考虑利用海水和海砂配制 MPC 基混凝土用于海工工程;MPC 优良的生物性能,在骨缺陷修复领域中具有广泛的应用前景;MPC 在负温环境下同样可以迅速凝结硬化并具有一定的早期强度,可考虑用于寒冷地区土木工程的抢修、抢建和修补。

目前的研究工作主要集中于 MPC 的组成、制备、性能改进和水化硬化机理等方面,但是对于其在潮湿环境中强度倒缩机理及微观结构与性能之间的关系,特别是其耐久性方面研究较少,对高性能 MPC 的制备和施工关键技术研究相对匮乏。因此,在保证其力学性能的同时克服其耐水性差的缺点,并充分利用其他的优点,是今后的研究重点。

第 2 章　硼砂对磷酸镁水泥水化硬化特性的影响

2.1　引言

　　磷酸镁水泥具有凝结硬化块、早期强度高等特点,水泥水化过程放热速率可控,固化时体积膨胀小,还具有较好的塑性和胶黏性,其水化产物为磷酸镁钾[85-87]。

　　MPC 在正常水化时反应过快,甚至在搅拌时就发生凝结现象,所以需要加入一定量的缓凝剂来适当延长 MPC 的凝结时间。

　　MPC 还存在抗水性差的缺点。杨建明等[24]研究表明:若 MPC 长期浸泡在水中,强度会有所下降,其原因是在水中 MPC 中未反应的磷酸盐遇水溶解形成酸性溶液,促使对 MPC 硬化体强度起主要作用的水化产物 MKP 的溶解,进而使磷酸盐水泥体系孔隙率增大、结构疏松,从而强度下降。

　　本实验主要通过加入缓凝剂硼砂($Na_2B_4O_7 \cdot 10H_2O$)来减缓其水化反应,延长 MPC 的凝结时间,改善水化产物的晶粒结构和孔结构,提升 MPC 的性能,从而制备可实际应用的 MPC。

2.2　实验材料与方法

2.2.1　实验材料

氧化镁（MgO），由分析纯 $MgCO_3$ 经 1 500 ℃高温煅烧后粉磨过0.08 mm筛；磷酸二氢钾（KH_2PO_4），分析纯，产自天津市河东区红岩试剂厂；硼砂（$Na_2B_4O_7 \cdot 10H_2O$），分析纯，产自天津市科密欧化学试剂有限公司。

2.2.2　实验方法

水灰比为 0.11，$m_{KH_2PO_4} : m_{MgO}＝1:4.4$，$Na_2B_4O_7 \cdot 10H_2O$ 掺入量为 MgO 质量的 1％、1.5％、3％、4％、5％、6％、7％、7.5％、8％、10％、12.5％、15％。将调和后的 MPC 浆料装入 20 mm×20 mm×20 mm 的模具中制备块状样品。养护后测试其性能。采用维卡仪测定 MPC 的凝结时间，采用压力试验机 TYE-300B 测定 MPC 的抗压强度；采用 X 射线衍射仪（XRD，D8ADVANCE，产自德国布鲁克 AXS 有限公司）对试样进行结构分析。

2.3　实验结果分析

2.3.1　硼砂对 MPC 凝结时间的影响

图 2-1 显示了掺入不同量的 $Na_2B_4O_7 \cdot 10H_2O$ 对 MPC 凝结时间的影响。结果表明：随着 $Na_2B_4O_7 \cdot 10H_2O$ 掺量从 1％增加到 15％，凝结时间也逐渐增加（从 2 min 增加到 22 min）。可见，掺入 $Na_2B_4O_7 \cdot 10H_2O$ 对 MPC 凝结时间具有较大的影响，且凝结时间随着 $Na_2B_4O_7 \cdot 10H_2O$ 的掺量百分比增加而增加。而实际实验条件下，当 $Na_2B_4O_7 \cdot 10H_2O$ 掺量为 MgO 质量的 0～4％时，MPC 水化过快，实验时来不及操作就已经硬化；当 $Na_2B_4O_7 \cdot 10H_2O$ 掺量为 MgO 质量的 10％以上时，继续增加 $Na_2B_4O_7 \cdot 10H_2O$ 对 MPC 凝结时间的影

响就明显降低了,所以 $Na_2B_4O_7 \cdot 10H_2O$ 掺量过低、过高都不能满足实际应用需求,控制在 5%~10% 最佳。

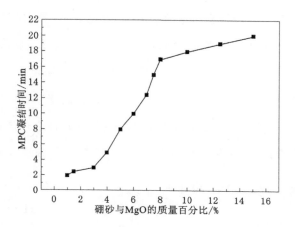

图 2-1　硼砂掺量对 MPC 凝结时间的影响

2.3.2　硼砂对 MPC 抗压强度的影响

测试 $Na_2B_4O_7 \cdot 10H_2O$ 掺量为 MgO 质量的 5%~10% 时制得的样品的 7 d 抗压强度。图 2-2 为掺入 $Na_2B_4O_7 \cdot 10H_2O$ 质量为 MgO 质量的 5%~15% 时对 MPC 试件抗压强度的影响。由图 2-2 可知:MPC 空气养护 7 d 抗压强度随着 $Na_2B_4O_7 \cdot 10H_2O$ 掺量增加,MPC 早期抗压强度呈现降低趋势,当

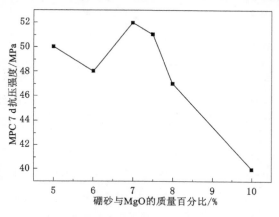

图 2-2　硼砂掺量对 MPC 7 d 抗压强度的影响

MPC 中 $Na_2B_4O_7 \cdot 10H_2O$ 掺量为 MgO 质量的 7% 时，其 7 d 抗压强度最大。其原因可能是：当 $Na_2B_4O_7 \cdot 10H_2O$ 掺量较小时，MPC 的水化反应较快，在形成水化产物时由于反应过快在其表面产生了微观缺陷，导致其抗压强度降低。而随着 $Na_2B_4O_7 \cdot 10H_2O$ 掺量的增加，水化反应速率降低，形成结构比较致密的水化产物，所以在 $Na_2B_4O_7 \cdot 10H_2O$ 掺入量为 MgO 质量 7% 时，其 7 d 抗压强度最大。随着 $Na_2B_4O_7 \cdot 10H_2O$ 掺量继续增加，由于 $Na_2B_4O_7 \cdot 10H_2O$ 掺量过多，故水化反应阶段 $Na_2B_4O_7 \cdot 10H_2O$ 过剩，吸附在水化产物表面，因为硼砂是一种表面光滑的物质，从而导致 MPC 水化产物抗压强度降低。

2.3.3 掺入硼砂的 MPC 耐水性能测试

图 2-3 为样品的水灰比为 0.11、$m_{MgO}/m_{KH_2PO_4}=4.4$、$Na_2B_4O_7 \cdot 10H_2O$ 掺量为 MgO 质量的 7%、常温下 (20 ℃左右) 空气中养护和水中养护时其 1 d、7 d、14 d、21 d、28 d 抗压强度。显然，这种 MPC 的耐水性能很差。当该样品放入水中养护时，其表面析出一层白色透明状物质，在干燥箱中烘干该样品之后进行抗压强度测试，统计其结果可知：水中养护 1 d 时抗压强度约下降 25%，7 d 抗压强度约下降 60%，同时有相应的质量损失。由此可知：其耐水性能极差，满足不了实际应用需求，必须进一步加入外加剂以改进其耐水性能。

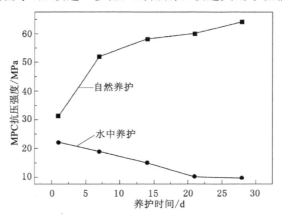

图 2-3 加入 $Na_2B_4O_7 \cdot 10H_2O$ 后不同养护条件下 MPC 的抗压强度

2.3.4　X 射线衍射分析

图 2-4 为不同 $Na_2B_4O_7 \cdot 10H_2O$ 掺量时 MPC 水化 7 d 后的 X 射线衍射图谱。由图 2-4 可知:掺入 $Na_2B_4O_7 \cdot 10H_2O$ 的 MPC 的主要水化产物是带 6 个结晶水的磷酸钾镁晶体($MgKPO_4 \cdot 6H_2O$)和 1 个结晶水的磷酸钾镁晶体($MgKPO_4 \cdot H_2O$)。其中,尖锐的衍射峰表明有大量未反应的 MgO,大量的弥散峰可能是一些无定形的水化产物和凝胶状物质。$Na_2B_4O_7 \cdot 10H_2O$ 在 MPC 中起缓凝作用,当 $Na_2B_4O_7 \cdot 10H_2O$ 掺量较多时,MPC 水化产物中有剩余的硼砂,这可能是其抗压强度比掺入 $Na_2B_4O_7 \cdot 10H_2O$ 量少时的 MPC 抗压强度略降低的原因。

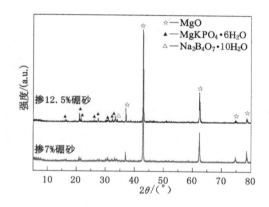

图 2-4　不同 $Na_2B_4O_7 \cdot 10H_2O$ 掺量时 MPC 水化 7 d 后的 X 射线衍射图谱

其主要水化反应方程式如下:

$$MgO + KH_2PO_4 + 5H_2O \longrightarrow MgKPO_4 \cdot 6H_2O \qquad (2\text{-}1)$$

$$MgO + KH_2PO_4 \longrightarrow MgKPO_4 \cdot H_2O \qquad (2\text{-}2)$$

2.3.5　讨论

2.3.5.1　缓凝剂的使用

MPC 的固化反应速率很快,反应过程中放出大量的热,操作很不方便,为延长凝结时间,降低热通量,使反应放出的热量在更长时间内放出,除调节酸碱组分活性和配合比外,体系中还可以加入缓凝剂。A. K. Sarkar 等[88-89]对多种缓凝剂的缓凝效果进行详细研究,筛选出几种效果较好的缓凝剂,包括氯化钠、氟硅酸盐、硼酸盐、聚磷酸钠等;研究了 $Na_2B_4O_7 \cdot 10H_2O$ 在 MgO、聚磷酸铵体系中的缓凝效果,认为体系的反应速率可以用相对固化程度来表示:

$$Q = \Delta H / \Delta H_t \times 100 \qquad (2\text{-}3)$$

式中 ΔH——等温条件下水泥固化过程中的累计放热量;

ΔH_t——等温条件下水泥固化过程中的最大放热量。

不含十水四硼酸钠的体系的凝结时间仅为 5 min,而含 20%十水四硼酸钠的体系的凝结时间延长至 20 min,由此可知:加入缓凝剂可有效控制反应速率,而且缓凝效果与缓凝剂量直接相关。

S. Popovics 等[90]指出:由于未缓凝体系强度发展比较快,固化体内部可能存在缺陷,所以其强度是不稳定的,而经过十水四硼酸钠缓凝的体系在 90 d 内强度没有明显衰减。以上研究显示:缓凝剂的加入可以有效延长原料的凝结时间,降低热通量,从而有效降低体系放热所达到的最高温度,改善其工作性能,操作性变强,而且有助于体系后期强度的稳定。但缓凝剂的加入会引起体系早期强度降低,因此必须严格控制加入量。

2.3.5.2 硼砂对 MPC 的影响

MPC 的凝结时间随着缓凝剂相对于 MgO 质量分数的增大而延长,且 MPC 的早期抗压强度迅速降低,后期抗压强度所受影响比早期小。对于快速修补工程与抢修抢建工程,在保证早期抗压强度与施工作业时间的前提下,MPC 中 $Na_2B_4O_7 \cdot 10H_2O$ 质量为 MgO 质量的 4%～10%为宜,本实验取 7%。

(1) $Na_2B_4O_7 \cdot 10H_2O$ 在 MPC 浆体中具有吸热降温作用和调节 pH 值作用。$Na_2B_4O_7 \cdot 10H_2O$ 和钾在溶液中相互促进溶解吸收大量溶解热,使反应体系初始温度降低;$Na_2B_4O_7 \cdot 10H_2O$ 提高了 MPC 浆体的 pH 值,抑制了 MgO 颗粒的溶解。两个因素均可延缓 MPC 浆体的早期水化反应速率。

(2) $Na_2B_4O_7 \cdot 10H_2O$ 可以延缓 MPC 浆体的凝结时间。$Na_2B_4O_7 \cdot$

$10H_2O$ 在 MPC 浆体中,除了在 MgO 表面形成保护膜外,还通过降低体系温度和调节 pH 值,以降低水化反应速率,从而延缓 MPC 浆体的凝结。

(3) $Na_2B_4O_7 \cdot 10H_2O$ 掺量影响 MPC 硬化体的抗压强度。这与 $Na_2B_4O_7 \cdot 10H_2O$ 掺量影响水化反应速率进而影响 MPC 硬化体的微观结构形貌相关。当 $Na_2B_4O_7 \cdot 10H_2O$ 掺量为 MgO 质量的 7.5%～10%时,MPC 硬化体的微观结构缺陷较少,抗压强度较高。

2.4 本章小结

本章研究了缓凝剂 $Na_2B_4O_7 \cdot 10H_2O$ 对 MPC 性能的影响及其作用机理。通过一系列实验和统计结果得出如下结论:

(1) MPC 凝结时间随缓凝剂与 MgO 质量百分比的增大而延长,MPC 早期抗压强度随 $Na_2B_4O_7 \cdot 10H_2O$ 与 MgO 质量百分比的增大迅速降低,后期抗压强度受影响较小。对于用于生物骨水泥方面,在保证早期抗压强度与操作时间充足的前提下,MPC 中 $Na_2B_4O_7 \cdot 10H_2O$ 质量为 MgO 质量的 5%～10% 为宜。

(2) 在 MPC 水化反应过程中,$Na_2B_4O_7 \cdot 10H_2O$ 对水化产物的早期生成量和组织结构都有一定影响。随着 $Na_2B_4O_7 \cdot 10H_2O$ 与 MgO 质量百分比的增大,对 MgO 颗粒溶解的抑制作用增强,MPC 水化产物结晶形态不规则且堆积松散,从而使 MPC 凝结时间和早期抗压强度发生变化。而有些未溶解的 $Na_2B_4O_7 \cdot 10H_2O$ 颗粒,则由于表面光滑,与材料的黏结力很小,造成材料中薄弱环节增加,也会使材料的力学性能下降,质量分数越大,该影响越大。对 $Na_2B_4O_7 \cdot 10H_2O$ 微观作用机理的分析,有助于指导缓凝剂的合理使用。

(3) MPC 水化时产生磷酸钾镁,是其快凝、快硬的主要原因。同时水化反应是酸碱中和放热反应,反应过程中有大量 MgO 和少量缓凝剂 $Na_2B_4O_7 \cdot 10H_2O$ 剩余。

第3章　壳聚糖对磷酸镁水泥抗水性能的影响

3.1　引言

　　壳聚糖(chitosan,简称 CS)是甲壳素的脱乙酰物,不溶于水和有机溶剂,只溶于稀酸,是生物可降解聚阳离子多糖,其降解产物是氨基葡萄糖,有一定的碱性,对人体组织无毒、无害、无刺激,生物相容性好,已广泛应用于生物医学材料领域[91-93]。CS 能诱导受损生物的特殊细胞生长,促进伤口和骨头愈合[94-95]。CS 可以溶解于 MPC 水化反应时的酸性环境,反应完成后可覆盖在 MPC 水化产物表面,阻断与水接触,所以本书选用 CS 作为抗水性改性剂进行研究。同时,为了探究 CS 改性后 MPC 在液体中的稳定性与生物活性,采用去离子水(H_2O)、磷酸盐缓冲溶液(PBS)、模拟体液(SBF)对 MPC 的稳定性和表面生物活性进行了研究。

3.2　实验材料与方法

3.2.1　实验材料

　　氧化镁(MgO),由分析纯 $MgCO_3$ 经 1 500 ℃高温煅烧后粉磨过 0.08 mm

筛；磷酸二氢钾（KH_2PO_4），分析纯，产自天津市河东区红岩试剂厂；硼砂（$Na_2B_4O_7 \cdot 10H_2O$），分析纯，产自天津市科密欧化学试剂有限公司；壳聚糖（CS），80 目，平均相对分子质量为 250 000，脱乙酰度为 95%，产自济南海得贝海洋生物工程有限公司。

3.2.2　实验方法

MgO 与 KH_2PO_4 的质量比为 4.4，水胶比为 0.11，$Na_2B_4O_7 \cdot 10H_2O$ 掺量为 MgO 质量的 1%、3%、5%、7%、9%、11%，于 20 mm×20 mm×20 mm 模具中成型，置于（20±2）℃、相对湿度为（50±5）% 环境中养护，4 h 后脱模，分别测定各试样 3 d、7 d、28 d 抗压强度（压力试验机型号：TYE-300B）。选择强度最高的组记为 MPC-0（未掺 CS），加入不同比例 CS，测其 3 d、7 d、28 d 抗压强度，强度最高组记为 MPC-1（掺 CS）。采用维卡仪测定 MPC 的凝结时间。由于 MPC 初凝时间、终凝时间间隔很短，故实验中主要测定终凝时间作为 MPC 凝结时间。

实验使用强度保留率来表征 MPC 的抗水性能。

实验过程：制备 MPC-0 及 MPC-1 样品，在空气中养护 3 d 后分别测试其中一部分样品的抗压强度 R_0。将另外一部分样品分别放在去离子水（H_2O）、磷酸盐缓冲液（PBS）、模拟体液（SBF）中浸泡，将浸泡容器放入恒温水浴振荡器，恒温（37 ℃），振荡速率为 100 r/min，每 3 d 换 1 次溶液；浸泡 4 d、11 d、25 d 后取出样品并用抹布拭干其表面水分，测其抗压强度 R_w，强度保留率 K_n 按照下式计算：

$$K_n = \frac{R_w}{R_0} \qquad (3\text{-}1)$$

采用 X 射线衍射仪（XRD，D8ADVANCE，产自德国布鲁克 AXS 有限公司）、扫描电子显微镜（SEM，JSM-6390LV，产自日本电子株式会社）［带能谱仪（EDS）］对试样进行微观分析。

3.3 实验结果分析

3.3.1 $Na_2B_4O_7 \cdot 10H_2O$ 与 CS 对 MPC 凝结时间和抗压强度的影响

图 3-1 为不同掺量 $Na_2B_4O_7 \cdot 10H_2O$ 与 CS 对 MPC 凝结时间和抗压强度的影响。$Na_2B_4O_7 \cdot 10H_2O$ 掺量低于 MgO 质量的 3% 时,试样凝结太快,无法成型。随着缓凝剂掺量($m_{Na_2B_4O_7 \cdot 10H_2O} : m_{MgO}$)的增大,MPC 凝结时间逐渐增加,表明 $Na_2B_4O_7 \cdot 10H_2O$ 可以有效延长 MPC 的凝结时间;而当 $Na_2B_4O_7 \cdot 10H_2O$ 掺量超过 MgO 质量的 9% 时,凝结较慢;MPC 的抗压强度随着

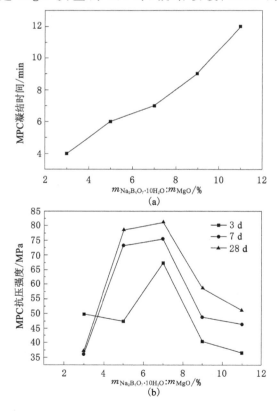

图 3-1 不同 $Na_2B_4O_7 \cdot 10H_2O$ 与 CS 掺量对 MPC 凝结时间和抗压强度的影响

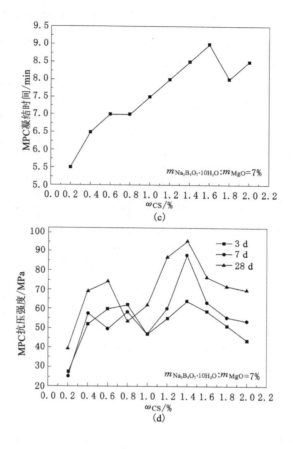

图 3-1(续)

$Na_2B_4O_7 \cdot 10H_2O$ 掺量增加而增大,当超过 MgO 质量的 9% 之后强度逐渐降低。MPC 中掺入 CS 时,早期强度有所降低,而后期强度逐渐升高,CS 掺量为 1.4% 时 MPC 7 d 抗压强度可达 88.1 MPa,CS 掺量在 1.2%~1.6% 范围内时效果最佳,超过这个范围之后强度逐渐降低。

3.3.2　CS 对 MPC 晶相结构的影响

图 3-2 为 CS 掺入前、后 MPC 试样在空气中不同龄期的 XRD 图。通过对比可以看出:MPC 硬化体的特征衍射峰位置未见明显差异,表明掺入 CS 对 MPC 的水化物无明显影响;MPC 的主要水化产物为 $MgKPO_4 \cdot 6H_2O$(MKP);同时

$Na_2B_4O_7 \cdot 10H_2O$ 特征峰出现，说明晶体结构中存在未参与反应的 $Na_2B_4O_7 \cdot 10H_2O$ 晶体；图中 MgO 特征峰很强，说明 MPC 硬化体中存在大量过剩 MgO。

图 3-2 中 CS1.4% 表示 $\omega_{CS} = 1.4\%$，下同。

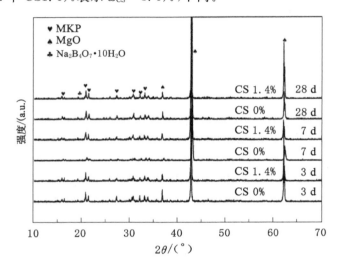

图 3-2　不同龄期 MPC 硬化体的 XRD 图谱

3.3.3　MPC 抗水性能

表 3-1 为在不同溶液中浸泡后 MPC 的抗压强度及强度保留率。

表 3-1　在不同溶液中浸泡后 MPC 的抗压强度及强度保留率

序号	空气中 3 d 抗压强度 /MPa	溶液浸泡	4 d 抗压强度 /MPa	K_n	11 d 抗压强度 /MPa	K_n	25 d 抗压强度 /MPa	K_n
MPC-0	67.4	H₂O	49.4	0.73	46.4	0.69	34.6	0.51
MPC-1	64.2		52.6	0.82	49.8	0.78	37.0	0.58
MPC-0		PBS	54.9	0.81	48.7	0.72	27.6	0.41
MPC-1			54.8	0.85	52.3	0.81	38.8	0.60
MPC-0		SBF	51.5	0.76	43.5	0.64	29.1	0.43
MPC-1			55.3	0.86	51.2	0.80	39.8	0.62

由表 3-1 可知：经 H_2O、PBS、SBF 浸泡后，MPC 试样随着浸泡时间增加，强度损失逐渐增大；掺入 CS 后，MPC 强度在 3 种溶液中都存在不同程度提高，说明掺入 CS 能提高 MPC 的抗水性能。

3.3.4　表面结构分析

图 3-3 为 MPC 在不同溶液中浸泡 25 d 后的表面形貌 XRD 图谱。可以看出：MPC 的主要水化产物为 $MgKPO_4 \cdot 6H_2O(MKP)$，掺入 CS 的 MPC 在 H_2O 中有少量的 $Mg_3(PO_4)_2 \cdot 4H_2O$ 生成；在 PBS 中有少量的 $Mg(OH)$、$Mg_3(PO_4)_2 \cdot 4H_2O$ 和 $Mg_2PO_4(OH) \cdot 4H_2O$ 生成；图中 $Na_2B_4O_7 \cdot 10H_2O$ 特征峰出现，说明晶体结构中存在未参与反应的 $Na_2B_4O_7 \cdot 10H_2O$ 晶体；MgO 特征峰很强，说明 MPC 硬化体中存在大量过剩的 MgO。

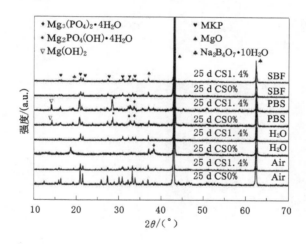

图 3-3　MPC 在不同溶液中浸泡 25 d 后的表面形貌 XRD 图谱

图 3-4 为 MPC 在不同溶液中浸泡 25 d 后的表面形貌 SEM 和 EDS 图，可以看出在不同溶液中浸泡后 MPC 表面形貌不同。在空气中养护时样品表面水化产物为 MKP；在 H_2O 中浸泡后，表面为叶片状晶体，经 EDS 和 XRD 分析为 $Mg_3(PO_4)_2 \cdot 4H_2O$；掺入 CS 的 MPC 中检测出钾元素，而未掺入 CS 的 MPC 中没有或含量少，说明 CS 可以阻止 K^+ 的溶解，即减少可溶性磷酸盐的析出，从而减缓水化产物 MKP 被破坏，达到提高抗水性能的目的；在 PBS 中浸泡后表

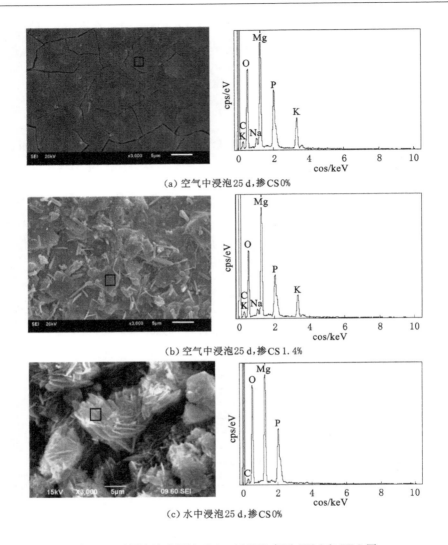

(a) 空气中浸泡25 d,掺CS 0%

(b) 空气中浸泡25 d,掺CS 1.4%

(c) 水中浸泡25 d,掺CS 0%

图 3-4　不同溶液中浸泡后 25 d MPC 表面 SEM 和 EDS 图

面为棒状晶体,经 EDS 和 XRD 分析为 MKP、$Mg_3(PO_4)_2 \cdot 4H_2O$ 和 $Mg_2PO_4(OH) \cdot 4H_2O$;在 SBF 中浸泡后表面为球状晶体,EDS 检测出 Ca 元素,推测可能为球状类骨磷灰石晶体[96],但是在相应的 XRD 图中没测出羟基磷灰石(Hydroxyapatite,简称 HA)特征峰,可能由于晶体为弱结晶结构且含量较少,MPC 表面能诱导磷灰石沉积,表明其具有生物活性;对比 CS 掺入前、后

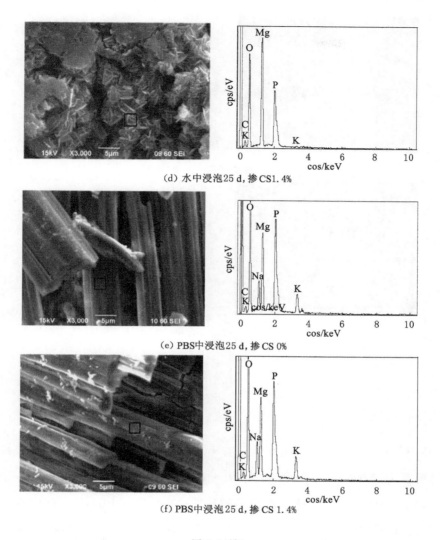

（d）水中浸泡 25 d，掺 CS 1.4%

（e）PBS 中浸泡 25 d，掺 CS 0%

（f）PBS 中浸泡 25 d，掺 CS 1.4%

图 3-4（续）

MPC 的 SEM 可以明显看出：掺入 CS 的 MPC 结晶更完整，微裂缝变小且数量减少，晶体结构更紧密，说明添加 CS 可以使 MPC 试样结构更加致密，在经受水环境侵蚀时，MPC 强度损失率明显降低；掺入 CS 会影响水化产物的结晶速度、晶体形态、微裂纹大小等，进而影响 MPC 的抗水性能和抗压强度。

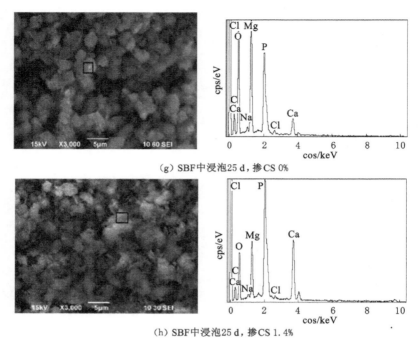

（g）SBF中浸泡25 d，掺CS 0%

（h）SBF中浸泡25 d，掺CS 1.4%

图 3-4（续）

3.3.5　讨论

MPC 水化反应是以酸碱中和反应为基础的放热反应。MPC 水化反应过程可概括为：MgO、KH_2PO_4、$Na_2B_4O_7 \cdot 10H_2O$ 与 H_2O 混合后，KH_2PO_4 和 $Na_2B_4O_7 \cdot 10H_2O$ 迅速溶解，MgO 溶解较慢；$Na_2B_4O_7 \cdot 10H_2O$ 溶解出 $B_4O_7{}^{2-}$ 离子，迅速吸附到 MgO 颗粒表面，形成一层以 $B_4O_7{}^{2-}$、Mg^{2+} 和 MgO 为主的水化产物层，阻碍 MgO 溶解以及 K^+ 和 $H_2PO_4{}^-$ 离子与 MgO 颗粒接触，从而达到缓凝的目的。随着水化时间的增加，K^+ 和 $H_2PO_4{}^-$ 离子逐渐渗入并透过阻碍层，与 MgO 颗粒表面接触，提高水化速率，形成越来越多的磷酸盐水化物。随着磷酸盐水化产物的不断形成，体积膨胀，阻碍层被胀破，大量磷酸盐离子与 MgO 颗粒接触，生成大量磷酸盐水化产物。随着磷酸盐水化产物的不断增加和向外生长，最终固化成整体[97-98]。$Na_2B_4O_7 \cdot 10H_2O$ 的作用机理：一方面，通过物理化学作用在 MgO 表面形成一层障碍层,阻碍溶解的磷酸盐离子与 MgO 颗粒接触,从而起到缓凝作用。另一方面,掺入 $Na_2B_4O_7 \cdot 10H_2O$ 改变了反应体系的 pH 值,导致反应速率降低[33,99],在 MPC 水化反应过程中,$Na_2B_4O_7 \cdot 10H_2O$ 对早期生成的水化产物的量和组织结构都有影响[100];$Na_2B_4O_7 \cdot 10H_2O$ 阻碍 MgO 溶解,MPC 早期水化产物结晶形态不规则且结构松散,从而使 MPC 凝结时间延长、早期抗压强度降低;随着水化反应不断进行,MPC 抗压强度持续发展,后期抗压强度受 $Na_2B_4O_7 \cdot 10H_2O$ 影响相对较小;但未溶解的 $Na_2B_4O_7 \cdot 10H_2O$ 颗粒表面光滑,与材料黏结力小,会使试样强度下降;如果 MPC 中没有 $Na_2B_4O_7 \cdot 10H_2O$ 等缓凝剂,Mg^{2+} 与 KH_2PO_4 溶解产生的 K^+、$H_2PO_4^{2-}$ 和 PO_4^{3-} 会迅速反应生成磷酸盐水化物,MPC 则表现出凝结速度过快而不利于成型的特性。

造成 MPC 抗水性能差的原因是:其早期水化反应速率快,凝结时间短,大量未参与反应的磷酸盐被固化在内部,使 MPC 内部存在可溶性磷酸盐,在遭受水环境侵蚀时,未反应的磷酸盐溶出,一方面造成 MPC 内部孔隙增大、结构疏松、强度下降,另一方面形成酸性环境。而 MPC 主要水化产物 MKP 在酸性或高温条件下不稳定[101],也会使强度降低。对比掺入 CS 后 MPC 试样的微观结构和能谱分析,改性 MPC 抗水性能提高的原因可能是:在水化反应过程中,由于 CS 溶解于酸性溶液中而不溶于 H_2O 和碱性溶液中,初始水化时,酸性磷酸盐使溶液呈酸性,随着水化进行,溶液的 pH 值升高,CS 析出,CS 包裹在生成的水化产物表面,阻碍 H_2O 分子与水化产物和可溶性离子接触,从而减少可溶性磷酸盐析出,提高 MPC 抗水性能。掺入 CS 使得 MPC 复合物在潮湿条件下更稳定,抗压强度提高,抗水性能更好[102]。

3.4　本章小结

本章通过研究加入不同量 $Na_2B_4O_7 \cdot 10H_2O$ 和 CS 后 MPC 的强度及在 H_2O、SBF 和 PBS 中浸泡后的性能,得到如下结论:

(1) MPC 凝结固化后的主要水化产物为 $MgKPO_4 \cdot 6H_2O$(MKP),其 7 d

抗压强度可达 75.5 MPa。

(2) CS 含量为 1.4% 时可以得到较短的凝结时间和较高的抗压强度 (8.5 min,7 d 抗压强度为 88.1 MPa);经 H_2O、PBS 和 SBF 浸泡后,MPC 试样随着浸泡时间的增加强度损失逐渐增大,抗水性能较差;添加 CS 可使 MPC 硬化体的结构更致密,在经受水环境侵蚀时,MPC 硬化体的强度损失率明显降低,CS 能提高 MPC 的抗水性能。同时,MPC 在 SBF 中浸泡后表面有球状类骨磷灰石晶体生成,具有生物活性。

4　羟丙基甲基纤维素对磷酸镁骨水泥性能的影响

4.1　引言

羟丙基甲基纤维素（HPMC）是一种重要的纤维素衍生物,可以作为载体以控制药物在片剂中的释放[103]。HPMC 具有公认的安全性和降解性,因此被广泛使用[104]。药物从 HPMC 骨架片释放机制复杂:与水接触时 HPMC 膨胀形成凝胶,作为药物扩散的屏障。药物从 HPMC 基质释放糊化,对水溶性药物通过凝胶层的药物扩散溶解。同时,该片的外层充分水化,其溶解过程通常被称为侵蚀[104]。本章采用 HPMC 对 MPC 进行改性,HPMC 在与水或生物流体接触后扩散到装置,导致体积膨胀高分子链松弛[105],然后扩散到整个 MPC 系统,HPMC 高膨胀特性对 MPC 的释放影响显著,控制 MPC 降解过程。

4.2　实验材料与方法

4.2.1　实验材料

羟丙基甲基纤维素（HPMC）,2 ％黏度 6 MPa・s,甲氧基 28％～30％,羟丙基 7.0％～12％,产自河南天辰生物科技有限公司。其他原料同 2.2.1。

4.2.2 实验与表征

使用强度保留率和质量损失率来表征 MPC 抗水性能和降解性能。用模拟体液浸泡实验来表征 MPC 的生物活性。实验过程同 3.2.2。MPC 原料混合比例见表 4-1。

表 4-1 MPC 原料混合比例

序号	$m_{MgO} : m_{KH_2PO_4}$	$m_{Na_2B_4O_7 \cdot 10H_2O} : m_{MgO}$	液、固体质量比	HPMC 加入量占整个固体质量比例
M	4.4	0.07	0.18	0%,1%,2%,3%,4%,5%
H-0	4.4	0.07	0.18	0%
H-1	4.4	0.07	0.18	3%

4.3 实验结果分析

4.3.1 HPMC 对 MPC 凝结时间和抗压强度的影响

如图 4-1 所示,随着 HPMC 掺入量增加,MPC 凝结时间逐渐缩短。HPMC 含量的增加能够有效降低 MPC 体系的凝结时间。随着 HPMC 含量的增加,在

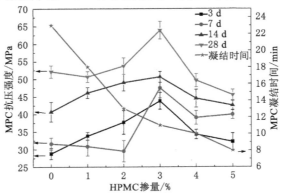

图 4-1 不同 HPMC 掺量时 MPC 的凝结时间和抗压强度

一定范围内 MPC 抗压强度增大。当 HPMC 含量为 3％时，MPC 的凝结时间为 11 min，最高抗压强度为 63 MPa，所以 HPMC 的最佳含量为 3％。HPMC 含量太高时，MPC 凝结时间太短，水化反应不完全，因此 MPC 强度降低。

4.3.2 改性 MPC 在不同溶液中的浸泡后抗压强度与质量损失

图 4-2 是 H-0 和 H-1 样品浸泡不同时间后的抗压强度损失率。由图 4-2 可知：MPC 样品在不同溶液中的强度损失率随着浸泡时间增加逐渐增大。添加 HPMC 后 MPC 抗压强度损失率增大，这表明加入 HPMC 可促进 MPC 的降解。对比图 4-2(a)、图 4-2(b)和图 4-2(c)，MPC 在 SBF 中抗压强度损失最大，在 PBS 中损失最小。

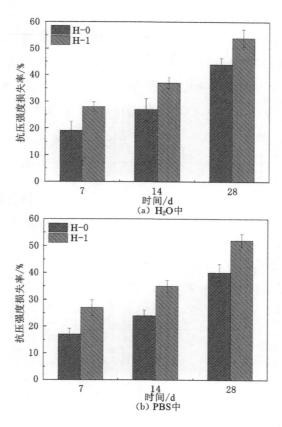

图 4-2　H-0 和 H-1 样品浸泡不同时间后的抗压强度损失率

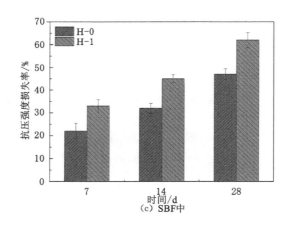

图 4-2（续）

图 4-3 为浸泡不同时间后的 H-0 和 H-1 样品的质量损失率。图 4-3 表明 MPC 样品在不同溶液中浸泡后的质量损失率随着浸泡时间增加逐渐增大。加入 HPMC 后 MPC 质量损失率增大，表明加入 HPMC 可促进 MPC 降解。对比图 4-3（a）、图 4-3（b）和图 4-3（c）可知在 SBF 中 MPC 质量损失率最大，最低的是在 PBS 中，这一结论与图 4-2 所示实验结论是一致的。

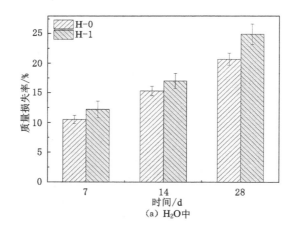

图 4-3　H-0 和 H-1 样品浸泡不同时间后的质量损失率

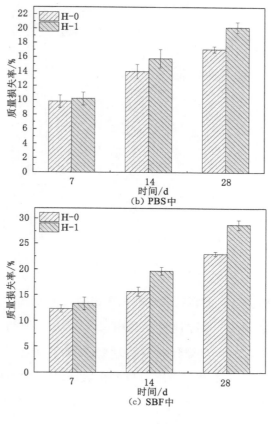

图 4-3(续)

4.3.3　改性 MPC 浸泡后的结构分析

图 4-4 是 HPMC 和 MPC 的 FT-IR 图谱。

图 4-4 中曲线 a，3 450 cm^{-1} 处的特征峰为 O—H 的伸缩振动峰。曲线上 2 920 cm^{-1} 和 2 849 cm^{-1} 处的峰分别是糖残基上甲基和亚甲基的 C—H 伸缩振动吸收峰。1 636 cm^{-1} 处是 HPMC 分子吸收水分子（H—O—H）的吸收峰。1 070 cm^{-1} 处是 HPMC 分子 C—O—C 和醇 C—O 特征峰。

图 4-4 中曲线 b，3 420 cm^{-1} 处 的 特 征 峰 为 O—H 的 伸 缩 振 动 峰。2 926 cm^{-1} 和 2 844 cm^{-1} 处的吸收峰分别是糖残基上甲基和亚甲基的 C—H 伸

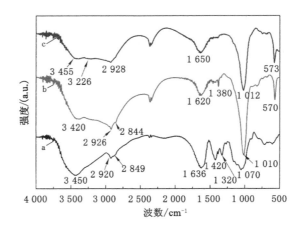

图 4-4　HPMC 和 MPC 的 FT-IR 图谱

缩振动吸收峰。

　　图 4-4 中曲线 c,MPC 的特征峰也在图中出现,3 455 cm^{-1} 处为羟基的吸收峰,2 928 cm^{-1} 处为 NH_4^+ 对称伸缩振动峰,1 650 cm^{-1} 处为液态水弯曲振动峰,1 012 cm^{-1} 处和 573 cm^{-1} 处分别为 PO_4^{3-} 反对称伸缩振动和反对称弯曲振动特征峰。对比图 4-4 中曲线 a、b、c 可以看出:HPMC 和 MPC 复合后产物的红外图谱基本一致,说明 HPMC 和 MPC 可能没有发生明显键合反应。

　　图 4-5 为在空气、水、PBS 及 SBF 中浸泡不同时间添加 HPMC 前、后 MPC 样品 H-0 和 H-1 的 XRD 图谱。由图 4-5 可知:MPC 主要水化产物是 $KMgPO_4$ · $6H_2O$ (ICDD PDF No. 35-0812)。MgO (ICDD PDF No. 45-0946)特征峰很强,表明 MPC 硬化体中存在多余的未参与反应的 MgO。图 4-5(c)和图 4-5(d)表明还有少量 $Mg_3(PO_4)_2$ · $10H_2O$ (ICDD PDF No. 35-0330)和 $Mg_3(PO_4)(OH)$ · $3H_2O$ (ICDD PDF No. 45-1380)等磷酸镁水化中间产物生成。此外,羟基磷灰石 $Ca_5(PO_4)_3(OH)$ (ICDD PDF No. 09-0432)的特征峰在图 4-5(d)中可以明显观察到。由图 4-5(c)可知:随着浸泡时间增加,$KMgPO_4$ · $6H_2O$ 的特征峰越来越明显,这是水化产物在样品表面重结晶的结果。由图 4-5(d)可知:MgO 在 36.9°(1 1 1)晶面特征峰随着浸泡时间的增加逐渐消失,原因可能是:① MgO 本身的溶解;② 重结晶在样品表面的产物掩盖

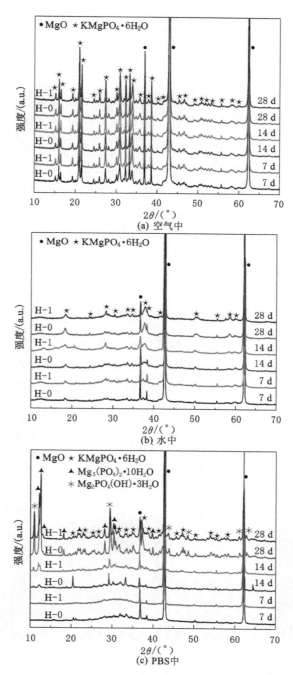

图 4-5　H-0 和 H-1 样品浸泡在不同溶液中不同周期水化产物的 XRD 图谱

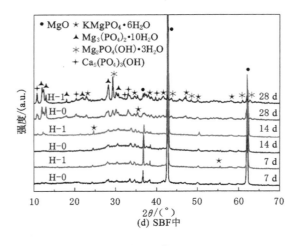

图 4-5（续）

了 MgO 特征峰；添加 HPMC 前、后 MPC 硬化特征峰并没有表现出显著差异，这表明 HPMC 的加入对 MPC 水化产物的影响不明显。

图 4-6 为 MPC 在不同溶液中浸泡后的表面形貌 SEM 和 EDS 图。从图 4-6 所示 SEM 图中可以看出 MPC 在不同溶液中浸泡后表面形貌不同。在空气中养护时样品表面水化产物为 $KMgPO_4 \cdot 6H_2O$；在 H_2O 中浸泡后表面为片、层状晶体，经 EDS 和 XRD 分析为 $KMgPO_4 \cdot 6H_2O$ 和 $Mg_3(PO_4)_2 \cdot 10H_2O$；在 PBS 中浸泡后表面为短棒状晶体，经 EDS 和 XRD 分析为 $KMgPO_4 \cdot 6H_2O$、$Mg_3(PO_4)_2 \cdot 10H_2O$ 和 $Mg_3(PO_4)(OH) \cdot 3H_2O$ 等磷酸镁水化中间产物；在 SBF 中浸泡后表面为类球状晶体，经 EDS 和 XRD 分析为羟基磷灰石

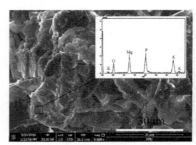
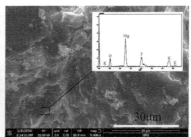

（a）H-0样品在空气中放置28 d　　　（b）H-1样品在空气中放置28 d

图 4-6　不同溶液浸泡后 MPC 表面形貌 SEM 和 EDS 图

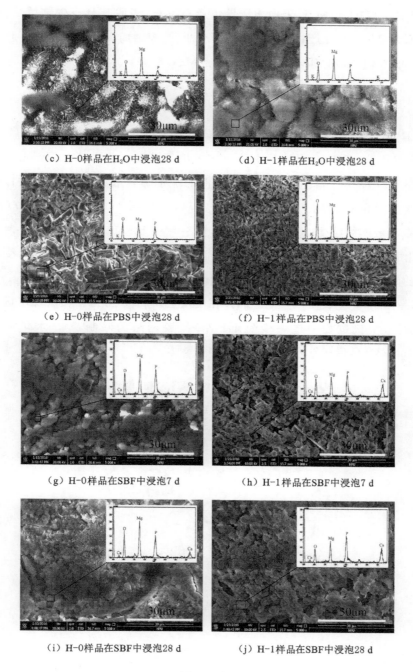

（c）H-0样品在H₂O中浸泡28 d　　　　　（d）H-1样品在H₂O中浸泡28 d

（e）H-0样品在PBS中浸泡28 d　　　　　（f）H-1样品在PBS中浸泡28 d

（g）H-0样品在SBF中浸泡7 d　　　　　（h）H-1样品在SBF中浸泡7 d

（i）H-0样品在SBF中浸泡28 d　　　　　（j）H-1样品在SBF中浸泡28 d

图 4-6（续）

$Ca_{10}(PO_4)_6(OH)_2$；MPC 表面能诱导磷灰石沉积，表明其具有生物活性；掺入 HPMC 后 MPC 水化产物晶体结构趋于变小，孔隙增加，缺陷增加，说明 HPMC 可以影响水化产物的晶体结构，从而影响 MPC 降解。

4.3.4　讨论

　　HPMC 溶于水后形成凝胶。HPMC 分子链中含有大量的醚键（—O—）和羟基（—OH）。HPMC 凝胶是由分子中的甲氧基发生疏水缔合而形成的[107]，发生在 HPMC 分子链内部和分子链之间的疏水缔合形成疏水微区，并以此为交联点构成网状结构并形成凝胶[图 4-7（b）、图 4-7（c）][107]。图 4-7（b）为 HPMC 凝胶网络结构，主要呈现两种形态：一种是比较稳定的骨架；另一种是不断变化的动态网络[108]。MPC 中的 Mg^{2+} 游离于凝胶网络的疏水微区，受羟基的阻拦而局部聚集，此微区成为 $KMgPO_4 \cdot 6H_2O$［图 4-7（a）是 $KMgPO_4 \cdot 6H_2O$ 晶体结构］生长受限空间。晶体在受限空间成核之后，沿凝胶疏水区孔隙方向生长，生长过程中进一步受 HPMC 凝胶网络的限制[109]。水化完成后 HPMC 和 MPC 形成结合紧密且统一的完整体。

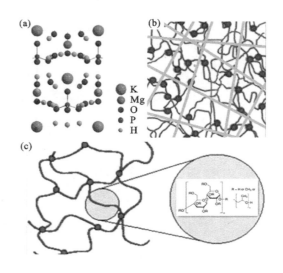

图 4-7　$KMgPO_4 \cdot 6H_2O$ 和羟丙基甲基纤维素结构[110]

当改性后的 HPMC 在水环境中被使用时,MPC 降解与 HPMC 水化产物扩散和 HPMC 凝胶骨架溶胀、溶蚀过程相关。

该过程分为三个阶段[109]:

(1)第一阶段:在样品表面的 MPC 水化产物逐渐溶解释放。同时,MPC 中 HPMC 基质表面开始水化溶胀形成凝胶,随着水分子的不断渗入,凝胶层不断增厚,此时 MPC 降解主要是通过凝胶层内的水化产物扩散来控制的[图 4-8(a)]。

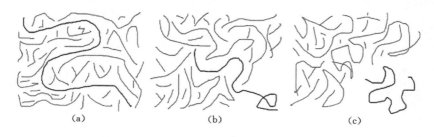

(a)　　　　　　　　(b)　　　　　　　　(c)

图 4-8　羟丙基甲基纤维素控制磷酸镁骨水泥降解过程

第二阶段:HPMC 基质骨架的溶胀和溶蚀共同发生作用阶段,阶段试样不断水化,凝胶层不断溶胀,在凝胶层最外层出现松散现象,从而使凝胶层产生溶蚀,凝胶层内部不断溶胀,外部不断溶蚀,凝胶层厚度不变,处于一种稳定状态。在溶胀、溶蚀过程中,水的渗透与大分子 HPMC 松散同时进行,此时 MPC 的降解是由水化产物的扩散释放与 HPMC 骨架溶胀、溶蚀共同作用控制的[图 4-8(b)]。

第三阶段:试样完全水化,溶胀结束,凝胶层不断松散溶蚀,伴随着 HPMC 分子链的溶出,凝胶层厚度不断减小,此时 MPC 的降解由 HPMC 骨架松散溶蚀、溶出过程控制。总之,MPC 的降解是水化产物的扩散释放和 HPMC 骨架溶胀、溶蚀、溶出综合作用的结果。

4.4　本章小结

本章通过研究 HPMC 改性 MPC,得到如下结论:

(1) HPMC 的最佳掺量为 3%,此时凝结时间为 11 min,最高强度为

63 MPa；

（2）HPMC 控制 MPC 水化产物降解主要是通过 MPC 水化产物的逐渐扩散释放和 HPMC 骨架的溶胀、溶蚀、溶出综合作用来实现的；

（3）将 HPMC 改性的 MPC 浸泡在模拟体液中，表面有球状羟基磷灰石 $Ca_5(PO_4)_3(OH)$（ICDD PDF No. 09-0432）生成，表明 MPC 具有生物活性。

第 5 章　$NaH_2PO_4 \cdot 2H_2O/$ $NH_4H_2PO_4$复合对磷酸镁 水泥水化硬化特性的影响

5.1　引言

多数学者认为磷酸铵镁水泥的反应机理基于微溶盐的酸碱反应。MPC 粉末与水混合后,磷酸二氢铵在水中迅速溶解并生成 NH_4^+、H^+ 和 PO_4^{3-}。氧化镁(MgO)粉末与水、氢离子发生反应,颗粒表面溶解生成 Mg^{2+}。游离的 Mg^{2+} 与 NH_4^+ 及 PO_4^{3-} 反应形成一种无定形的镁-磷酸铵盐络合物水化凝胶——$MgNH_4PO_4 \cdot 6H_2O$(俗称鸟粪石),被认为是最主要的反应产物,随着反应的进行,产物逐渐结晶析出。由于体系中 MgO 过剩,析出的产物覆盖在 MgO 颗粒表面,形成一层水化产物膜将 MgO 颗粒紧密黏结成一体,这样在水化产物作用下整个体系逐渐凝结和硬化[110-114]。

本研究采用 $NaH_2PO_4 \cdot 2H_2O$ 和 $NH_4H_2PO_4$ 作为引入磷的材料,硼砂作为缓凝剂,壳聚糖作为抗水性改性剂,然后与镁砂反应制备 MPC。测试 MPC 的凝结时间和抗压强度,然后将 MPC 凝固体在模拟体液中分别浸泡 3 d、7 d、14 d 和 21 d,研究模拟生理条件(人体液体环境)下 MPC 的降解性能,结合 XRD 图和 SEM 图研究分析不同的磷酸盐原料及配合比对 MPC 性能的影响。

5.2　实验材料与方法

5.2.1　实验材料

氧化镁（MgO）由 $MgCO_3$ 经 1 500 ℃高温煅烧后破碎、磨细而成，颜色为棕黄色，细度为 2 610 cm^2/g。硼砂（$Na_2B_4O_7 \cdot 10H_2O$），分析纯，产自天津市科密欧化学试剂公司。壳聚糖（CS），80 目，平均相对分子质量为 250 000，脱乙酰度为 95％，产自济南海得贝海洋生物工程有限公司。磷酸二氢钠（$NaH_2PO_4 \cdot 2H_2O$），分析纯，产自天津市科密欧化学试剂公司。磷酸二氢铵（$NH_4H_2PO_4$），分析纯，产自天津市科密欧化学试剂公司。其他所使用的试剂均为分析纯。

5.2.2　实验与表征

$Na_2B_4O_7 \cdot 10H_2O$ 为 MgO 质量的 4％；水胶比为 0.11；按比例称量 MgO 和 $Na_2B_4O_7 \cdot 10H_2O$，氧化镁与磷酸盐的质量比为 4.5∶1，磷酸盐按物质的量比 $n_{NH_4H_2PO_4}/n_{NaH_2PO_4 \cdot 2H_2O}$ 为 4∶1、3∶2、1∶1、2∶3、1∶4 称取，进行 5 组试验。将 $NH_4H_2PO_4$、$NaH_2PO_4 \cdot 2H_2O$、$Na_2B_4O_7 \cdot 10H_2O$ 与水调匀后，加入 MgO 搅匀，将搅拌好的混合物迅速倒入已准备好的模具中，并放置于振动台上振动，使拌合物成型密实，记录凝结时间。试件成型后脱模，置于（20±2）℃、相对湿度为（50±5）％的环境中，分别测定各试样 3 d、7 d、28 d 抗压强度（采用万能试验机 WDW-20，产自济南恒瑞金试验机有限公司）。凝结时间采用维卡仪测定，从混合物加水开始计时，每隔 30 s 测定 1 次。

选择强度最高的组作为对照组记为 MPC-0（未掺 CS），加入不同比例的 CS（掺入比例为 1.0％、1.2％、1.4％、1.6％、1.8％、2.0％），测试其抗压强度。然后将抗压强度最高的组记为 MPC-1（掺 CS），在空气中养护 7 d 后，将试样分别浸入 H_2O（去离子水）、PBS（磷酸盐缓冲液）、SBF（模拟体液）中，浸泡 7 d、14 d、28 d 后取出用酒精冲洗表面，60 ℃烘干，试样的表面分析采用 X 射线衍射（XRD，D8ADVANCE，产自德国布鲁克 AXS 有限公司）、扫描电子显微镜

（SEM、JSM-6390LV，产自日本电子株式会社）进行分析。

5.3　实验结果分析

5.3.1　$n_{NH_4H_2PO_4}$：$n_{NaH_2PO_4 \cdot 2H_2O}$ 与 CS 掺量对 MPC 凝结时间及抗压强度的影响

图 5-1 为不同 $n_{NH_4H_2PO_4}$：$n_{NaH_2PO_4 \cdot 2H_2O}$ 和 CS 掺量对 MPC 凝结时间和抗压强度的影响。由图 5-1 可知：增加 $NaH_2PO_4 \cdot 2H_2O$ 的含量可以有效减少体系的凝结时间；随着养护时间的增加，MPC 的抗压强度逐渐增大，$n_{NH_4H_2PO_4}$：$n_{NaH_2PO_4 \cdot 2H_2O}$为 2：3 时抗压强度最高。得出 MPC 最佳配合比为 2/3。增加 CS 含量可以有效减少体系的凝结时间。随着养护时间的增加，MPC 浆体的抗压强度逐渐增大。CS 掺量为 1％时，MPC 浆体的抗压强度最高，因此 CS 的最佳

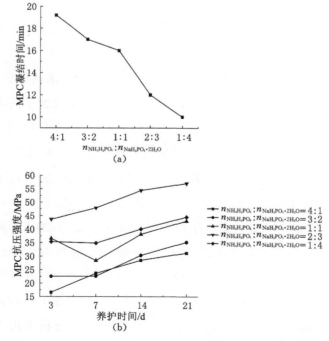

图 5-1　不同 $n_{NH_4H_2PO_4}$：$n_{NaH_2PO_4 \cdot 2H_2O}$ 和 CS 掺量时的 MPC 的凝结时间和抗压强度

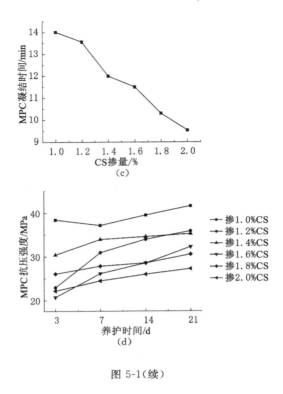

图 5-1(续)

掺量为 1%。

5.3.2 晶相结构与形貌分析

图 5-2 为水灰比为 0.1、MgO 与磷酸盐质量比为 4.5、$Na_2B_4O_7 \cdot 10H_2O$ 掺量为 4%、$n_{NaH_2PO_4 \cdot 2H_2O} : n_{NH_4H_2PO_4}$ 为 4∶6 时 MPC 硬化体的 XRD 图。可以得出:各 MPC 硬化体的衍射峰位置未见明显差异,表示不同龄期 MPC 的水化产物基本相同。经分析,MPC 的水化产物为 $NH_4MgPO_4 \cdot 6H_2O$、$Na_4MgPO_4 \cdot 6H_2O$、$KMgPO_4 \cdot 6H_2O$。图谱中 MgO 特征峰很强,说明 MPC 硬化体中仍有过剩的 MgO 存在,不同龄期 MPC 硬化体的水化产物 $NH_4MgPO_4 \cdot 6H_2O$、$Na_4MgPO_4 \cdot 6H_2O$ 的特征峰有明显差异。

图 5-3 为 $n_{NaH_2PO_4 \cdot 2H_2O} : n_{NH_4H_2PO_4} = 4∶6$、壳聚糖掺量为 1% 的 MPC 硬化体在 SBF 溶液中浸泡后的 XRD 图谱。可以得出:各 MPC 硬化体的衍射峰位置

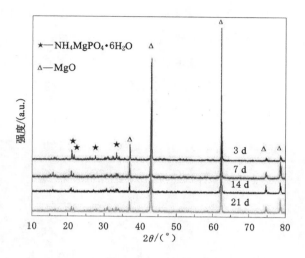

图 5-2　不同龄期时 MPC 硬化体的 XRD 图谱

未见明显差异,表示不同龄期 MPC 的水化产物基本相同。经分析,MPC 的水化产物为 $NH_4MgPO_4 \cdot 6H_2O$ 和 $NaMgHP_2O_7$。图谱中 MgO 特征峰很强,说明 MPC 硬化体中仍有过剩的 MgO 存在。

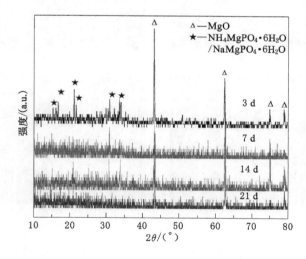

图 5-3　SBF 中浸泡不同时间的 MPC 硬化体的 XRD 图谱

图 5-4 为掺入 CS 前、后的 MPC 浸泡后的形貌变化。从图中浸泡后样品能够明显看到棒状晶体,此晶体为 MPC 硬化体的水化产物 $NH_4MgPO_4 \cdot 6H_2O$。它们相互搭接连成网状结构,覆盖在未反应的 MgO 表面或集结于 MgO 颗粒之间,放大 3 000 倍的图片中明显可见棒状晶体形态。从衍射分析结构来看,这些棒状的物质就是 $NH_4MgPO_4 \cdot 6H_2O$。

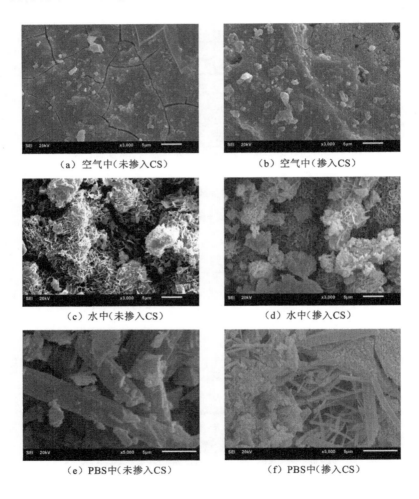

（a）空气中（未掺入CS）　　　　　　（b）空气中（掺入CS）

（c）水中（未掺入CS）　　　　　　（d）水中（掺入CS）

（e）PBS中（未掺入CS）　　　　　　（f）PBS中（掺入CS）

图 5-4　不同溶液中浸泡 21 d 后 MPC 表面的 SEM 和 EDS 图

（g）SBF中（未掺入CS）　　　　　（h）SBF中（掺入CS）

图 5-4（续）

5.4　本章小结

本书以 $NaH_2PO_4·2H_2O$ 和 $NH_4H_2PO_4$ 作为引入磷的材料,以不同细度的重烧镁砂和不同掺量 $Na_2B_4O_7·10H_2O$ 作为缓凝剂,测定其凝结时间和抗压强度。将 MPC 置于模拟体液中浸泡 3 d 和 7 d,研究模拟生理条件下 MPC 的性能,结合 X 射线衍射分析和扫描电镜分析,研究了不同的磷酸盐原料和配合比对 MPC 性能的影响,主要得到以下结论:

（1）$n_{NaH_2PO_4·2H_2O} : n_{NH_4H_2PO_4}$ 最佳值为 2:3。

（2）MPC 壳聚糖的最佳掺量为 1%。

（3）在 PBS 溶液中浸泡后 MPC 浆体抗压强度有所降低。

（4）通过 X 射线衍射分析发现 MPC 的主要水化产物为 $NH_4MgPO_4·6H_2O$、$NaMgHP_2O_7$ 和大量未参加反应的 MgO。

（5）SEM 照片显示棒状晶体的水化产物为 $NH_4MgPO_4·6H_2O$,互相搭接成网状结构,使其微观结构致密。

第 6 章 $NaH_2PO_4 \cdot 2H_2O/$ KH_2PO_4复合 对磷酸镁水泥水化硬化特性的影响

6.1 引言

本研究以 $NaH_2PO_4 \cdot 2H_2O$ 和 KH_2PO_4作为引入磷的材料,硼砂作为缓凝剂,壳聚糖作为抗水性改性剂,然后与镁砂反应制备磷酸镁水泥(MPC)。实验主要对 MPC 用于生物骨水泥时的凝结时间、抗压强度及其 SEM、XRD 等性能进行检测。作为骨水泥,凝结时间必须在手术可控范围内,牙科手术控制在 10 min 内,而骨修复手术控制在 30 min 内。本实验针对手术的要求来选取配合比。作为骨替代材料和骨填充材料,必须具有一定的抗压强度,否则不利于材料的长期安全使用。本实验研究的主要任务是选取最适合骨替代材料强度的配合比。

6.2 实验材料与方法

6.2.1 实验材料

氧化镁(MgO),由分析纯 $MgCO_3$经 1 500 ℃高温煅烧后粉磨过0.08 mm

筛;磷酸二氢钠($NaH_2PO_4 \cdot 2H_2O$),分析纯,产自天津市河东区红岩试剂厂;磷酸二氢钾(KH_2PO_4),分析纯,产自天津市河东区红岩试剂厂;硼砂($Na_2B_4O_7 \cdot 10H_2O$),分析纯,产自天津市科密欧化学试剂有限公司;壳聚糖(CS),80 目,平均相对分子质量为 250 000,脱乙酰度为 95%,产自济南海得贝海洋生物工程有限公司。

6.2.2　实验与表征

MgO 与磷酸盐(包括 $NaH_2PO_4 \cdot 2H_2O$ 和 KH_2PO_4)质量比为 4.4,水胶比为 0.11,$Na_2B_4O_7 \cdot 10H_2O$ 质量为 MgO 质量的 4%;$NaH_2PO_4 \cdot 2H_2O$ 与 KH_2PO_4 的物质的量比为 4:1,3:2,1:1,2:3,1:4,试样编号分别为 1、2、3、4、5;于20 mm×20 mm×20 mm 模具中成型,置于(20±2)℃、相对湿度为(50±5)%环境中养护,4 h 后脱模,分别测定各试样 3 d、7 d、28 d 抗压强度(压力试验机型号:TYE-300B);采用维卡仪测定 MPC 的凝结时间。采用 X 射线衍射仪(XRD,D8ADVANCE,产自德国布鲁克 AXS 有限公司)、扫描电子显微镜[带能谱仪(EDS)](SEM,JSM-6390LV,产自日本电子株式会社)对试样进行微观分析。

6.3　实验结果分析

6.3.1　不同 $n_{NaH_2PO_4 \cdot 2H_2O}$: $n_{KH_2PO_4}$ 对 MPC 凝结时间的影响

表 6-1　不同 $n_{NaH_2PO_4 \cdot 2H_2O}$: $n_{KH_2PO_4}$ 时 MPC 的凝结时间

序号	$m_{KH_2PO_4}$/g	$m_{Na_2B_4O_7 \cdot 10H_2O}$/g	m_{MgO}/g	$m_{NaH_2PO_4 \cdot 2H_2O}$/g	凝结时间/min
1	0.39	0.4	10	1.83	10.02
2	0.81	0.4	10	1.41	9.67
3	1	0.4	10	1.2	9.05
4	1.26	0.4	10	0.96	8.20
5	1.73	0.4	10	0.49	8.03

由表 6-1 可知:随着 $NaH_2PO_4 \cdot 2H_2O$ 与 KH_2PO_4 的物质的量比值减小,

MPC 的凝结时间不断缩短,说明 $NaH_2PO_4 \cdot 2H_2O$ 有延迟水泥凝结的作用。

6.3.2 不同 $n_{NaH_2PO_4 \cdot 2H_2O} : n_{KH_2PO_4}$ 对 MPC 抗压强度的影响

分别测其 3 d、7 d、14 d、21 d 抗压强度并绘图,如图 6-1 所示。由此可得出当 $NaH_2PO_4 \cdot 2H_2O$ 与 KH_2PO_4 的物质的量比为 1:1 时抗压强度最高。

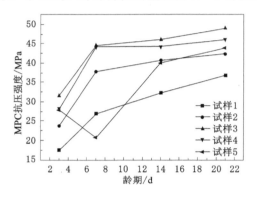

图 6-1　不同龄期 MPC 的抗压强度

6.3.3　CS 对 $NaH_2PO_4 \cdot 2H_2O/KH_2PO_4$ 复合 MPC 性能的影响

生物骨替代材料如果不稳定,接触体液或血液后会溃散。一方面会影响骨的生长,因为在骨愈合的初期植入材料的稳定性是非常重要的;另一方面可能会损伤健康组织。模拟生物材料概念的提出引发了生物活性微粒加聚合体基质构成仿生骨这一思路[115]。生物活性成分促进周围组织生长,将组织和植入材料牢固结合,聚合体基质提供材料的柔韧性,限制颗粒的迁移。CS 作为外加剂,改善 MPC 的黏结性能,限制 MPC 颗粒的移动,提高其临床操作的顺利性和抗水冲刷能力。随着复合物在体内降解,CS 可为骨基质合成提供氨基多糖原料。

找一组能使 MPC 抗压强度最高的配合比,加入 CS(CS 掺量分别为 1%、1.2%、1.4%、1.6%、2%、2.3%),然后测其 3 d、7 d、10 d、14 d 抗压强度。从图 6-2 中可以看出:随着 CS 掺量的增加,复合 MPC 的抗压强度逐渐降低,复合MPC 在 CS 掺量为 1% 时具有最高强度。

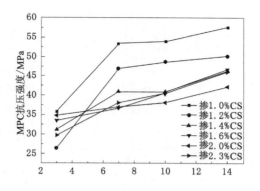

图 6-2　不同掺量 CS 对 MPC 抗压强度的影响

6.3.4　微观分析

对加入 CS 前、后的 MPC 样品进行 XRD 分析，得到如图 6-3 所示图谱。通过对比可以看出：各 MPC 硬化体的特征衍射峰位置未见明显差异，表明掺入 CS 对 MPC 的水化产物无明显影响；MPC 的主要水化产物为 $MgNaPO_4 \cdot 6H_2O$ 和 $MgKPO_4 \cdot 6H_2O$；同时 $Na_2B_4O_7 \cdot 10H_2O$ 特征峰出现，说明晶体结构中存在未参与反应的 $Na_2B_4O_7 \cdot 10H_2O$ 晶体；图中 MgO 特征峰很强，说明 MPC 硬化体中存在大量过剩 MgO。

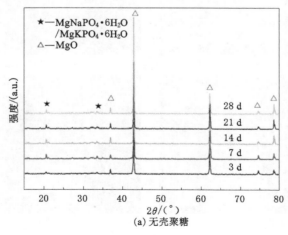

图 6-3　MPC 的 XRD 分析图谱

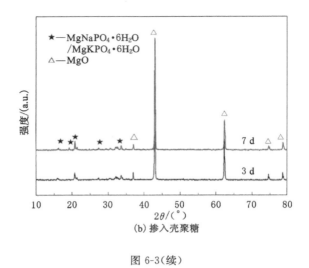

(b)掺入壳聚糖

图 6-3(续)

由图 6-4 所示掺入 CS 前、后 MPC 的 14 d、21 d 的 SEM 图像可以看出：掺入 1%的 CS 后，14 d、21 d 微观结构较未掺入 CS 结构更致密，强度应该更高，

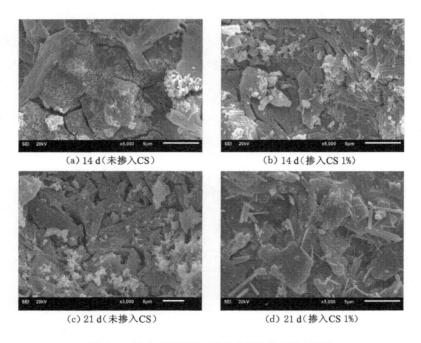

(a)14 d(未掺入CS)　　　　　　(b)14 d(掺入CS 1%)

(c)21 d(未掺入CS)　　　　　　(d)21 d(掺入CS 1%)

图 6-4　掺入壳聚糖前、后的 MPC 的 SEM 图像

结合图 6-1、图 6-2 所示力学性能可知掺入 1‰CS 后强度性能更高。

6.4　本章小结

通过测试和分析 MPC 水化体系的水化放热特性、抗压强度发展、物相组成和微观结构,研究了 MPC 各个龄期的抗压强度以及在 SBF、PBS 溶液中浸泡后的物理性能。经过数次实验,优化了配合比,阐明 MPC 水化体系的水化硬化过程和微观结构演化过程,得到如下结论:

(1)同种配合比掺入 $Na_2B_4O_7 \cdot 10H_2O$ 量不同,其凝结时间不同,$Na_2B_4O_7 \cdot 10H_2O$ 掺量越多,凝结时间会越长,本实验 $Na_2B_4O_7 \cdot 10H_2O$ 掺量宜为 MgO 质量的 4‰,这是因为缓凝剂在水化初期在 MgO 颗粒表面结合 MgO 形成阻碍层,从而起缓凝作用。

(2)当 $n_{NaH_2PO_4} : n_{KH_2PO_4} = 1$ 时,其抗压强度最高,凝结时间约为 9 min。

(3)凝结时间随 KH_2PO_4 掺量的增加而减短,KH_2PO_4 体系的反应产物比较单一,只有所有条件都满足了才能形成,一旦水化产物生成就开始凝结硬化,因此 KH_2PO_4 体系凝结时间略低于 NaH_2PO_4。

(4)以 KH_2PO_4、NaH_2PO_4、MgO 为主要原料同样可以配制出快硬、高强的 MPC 水泥,且反应过程中不会释放氨气。

第7章　$NH_4H_2PO_4/$ KH_2PO_4复合对磷酸镁水泥水化硬化特性的影响

7.1　引言

本研究从磷酸镁水泥（MPC）的原材料出发，以磷酸二氢铵、磷酸二氢钾作为磷酸根的来源。通过采用不同的配合比进行实验，获得强度最佳组配合比，然后在磷酸盐溶液中浸泡，与未浸泡样品进行对比，分析其强度变化。另外，在强度最佳组中通过掺入不同量的壳聚糖确定壳聚糖的最佳掺量，然后将其放在模拟体液中浸泡，与未浸泡样品进行对比，通过微观分析来研究新型 MPC 的性能。

7.2　实验材料和方法

7.2.1　实验材料

氧化镁：电容氧化镁（MgO），含量超过 90%。买来的重烧 MgO 按要求在球磨机中粉磨一定时间，制成 MgO 粉，取 0.08 mm 筛下料作为使用材料；磷酸二氢钾（KH_2PO_4），分析纯，无色四方晶体，颗粒状粉末，产自洛阳市化学试剂厂。硼砂（$Na_2B_4O_7 \cdot 10H_2O$），分析纯，晶体属单斜晶系的硼酸盐矿物，产自洛阳市化学试剂厂；磷酸二氢铵（$NH_4H_2PO_4$），分析纯，白色晶体，产自洛阳市化学试剂厂；壳聚糖（chitosan，简称 CS），一种白色或灰白色半透明的片状或粉状固体，是地球上含量极为丰富且仅次于纤维素的天然聚合体——甲壳素的脱乙酰化衍生物，其结构与硫酸软骨素、透明质酸等物质类似，是一种由 2-氨基-2-脱氧-β-D-葡萄糖通过 β-1,4 糖苷键聚合的天然聚阳离子多糖。

7.2.2　实验与表征

$Na_2B_4O_7 \cdot 10H_2O$ 质量为 MgO 质量的 4%；水胶比为 0.11；按比例称量 MgO 和 $Na_2B_4O_7 \cdot 10H_2O$，MgO 质量与磷酸盐质量比为 4.5：1，磷酸盐按物质的量比 $n_{NH_4H_2PO_4}$：$n_{KH_2PO_4}$ 为 4：1、3：2、1：1、2：3、1：4 称取，进行 5 组实验。将 $NH_4H_2PO_4$、KH_2PO_4、$Na_2B_4O_7 \cdot 10H_2O$ 与水调匀后，加入 MgO 搅匀，将搅拌好的混合物迅速倒入已准备好的模具中，并放置于振动台上振动，使拌合物成型密实，记录凝结时间。试件成型后脱模，置于（20±2）℃、相对湿度为（50±5）%环境中，分别测定各试样 3 d、7 d、28 d 抗压强度（万能试验机 WDW-20，产自济南恒瑞金试验机有限公司）。凝结时间采用维卡仪测定，从混合物加水开始计时，每隔 30 s 测定 1 次。

选择抗压强度最高的组作为对照组，记为 MPC-0（未掺 CS），加入不同比例的 CS（掺量比例为 1.0%、1.2%、1.4%、1.6%、1.8%、2.0%），测试其抗压强度。然后将制备抗压强度最高的组记为 MPC-1（掺 CS），在空气中养护 7 d 后将试样分别浸入 H_2O（去离子水）、PBS（磷酸盐缓冲液）、SBF（模拟体液）中，浸泡 7 d、14 d、28 d 后取出用酒精冲洗表面，60 ℃烘干，试样的表面分析采用 X 射线衍射（XRD，D8ADVANCE，产自德国布鲁克 AXS 有限公司）、扫描电子显微镜（SEM、JSM-6390LV，产自日本电子株式会社）进行分析。

7.3 实验结果分析

7.3.1 不同 $n_{NH_4H_2PO_4}$ ： $n_{KH_2PO_4}$ 对 MPC 凝结时间的影响

图 7-1 为不同 $n_{NH_4H_2PO_4}$ ： $n_{KH_2PO_4}$ 对 MPC 凝结时间和抗压强度的影响。

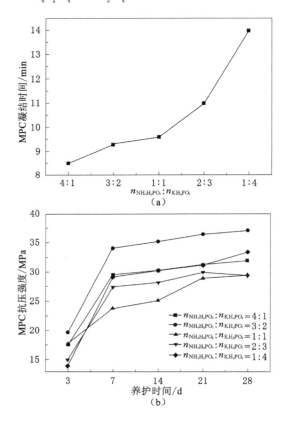

图 7-1 不同 $n_{NH_4H_2PO_4}$ ： $n_{KH_2PO_4}$ 时 MPC 的凝结时间和抗压强度

由图 7-1 可知：增加 KH_2PO_4 的含量可以有效增加体系的凝结时间；MPC 流动性增强，凝结时间递增，并且增加速度有增长的趋势，这是因为 $NH_4H_2PO_4$、KH_2PO_4 的最佳反应溶液 pH 值都为 5 左右[25]；随着 KH_2PO_4 掺量增加，pH 值也会随之增大,使磷酸盐与 MgO 的反应环境变"差",凝结时间延长;无论 $n_{\mathrm{NH_4H_2PO_4}}:n_{\mathrm{KH_2PO_4}}$ 为多少,MPC 的抗压强度都是随时间增大的,这主要是因为水化过程未彻底结束,还有水化产物生成,而生成水化产物使试块结构致密,从而增加强度。并且 7 d 之后的增长趋势都很平缓,这是因为 MPC 是早强材料,在很短的时间内就可以完成大部分水化硬化过程,7 d 之内就可以达到其最终强度的 90%以上。$n_{\mathrm{NH_4H_2PO_4}}:n_{\mathrm{KH_2PO_4}}$ 为 3:2 时抗压强度最高。

7.3.3　CS 对 NH₄H₂PO₄/KH₂PO₄复合 MPC 性能的影响

CS 掺量分别为 1.0%、1.2%、1.4%、1.6%、1.8%、2.0%时,依次分为 1、2、3、4、5 组。

图 7-2 为不同 CS 掺量时 MPC 的抗压强度。从图中可以看出:加入 CS 后,3 d 之后 MPC 的抗压强度增长很慢,这是因为 CS 的加入会在 MPC 表面形成网状结构,阻止水化产物晶体的生长,限制 MPC 颗粒的移动,所以 3 d 之后强度变化不明显。掺入 1.8%CS 的 MPC 的抗压强度最高。

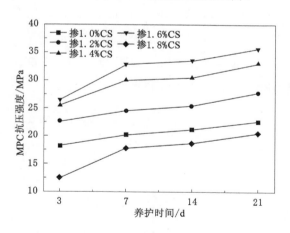

图 7-2　不同 CS 掺量时 MPC 的抗压强度

7.3.4　微观分析

图 7-3 为无壳聚糖 MPC 抗压强度最高的一组样品表面不同期龄时的 XRD

图谱。从图中可以看出：材料断面 MgO 的特征峰很强，说明还有很多 MgO 没有反应。随着龄期的增加，水化产物 $MgKPO_4 \cdot 6H_2O$ 和 $MgNH_4PO_4 \cdot 6H_2O$ 的含量不断增加。

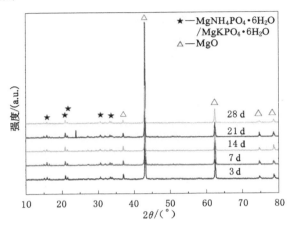

图 7-3　不同龄期 MPC 断面的 XRD 图谱

图 7-4 为掺入壳聚糖 MPC 在 SBF 中浸泡后的 XRD 图谱。从图中可以看出：掺入 CS 后材料特征峰无明显变化。在 SBF 中浸泡后表面 MgO 的特征峰强度随着浸泡时间的增加逐渐减弱，而 $MgKPO_4 \cdot 6H_2O$ 和 $MgNH_4PO_4 \cdot 6H_2O$ 的特征峰增强，说明 MgO 在水中会与水发生反应。

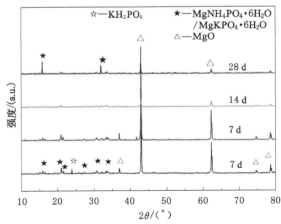

图 7-4　掺入壳聚糖 MPC 在 SBF 中浸泡后的 XRD 图谱

图 7-5 为掺入壳聚糖前、后 MPC 的 SEM 图像。从图中可以看出：掺入 CS 后在空气养护时表面比较致密，而未掺 CS 样品表面存在空洞、裂缝。在 H_2O

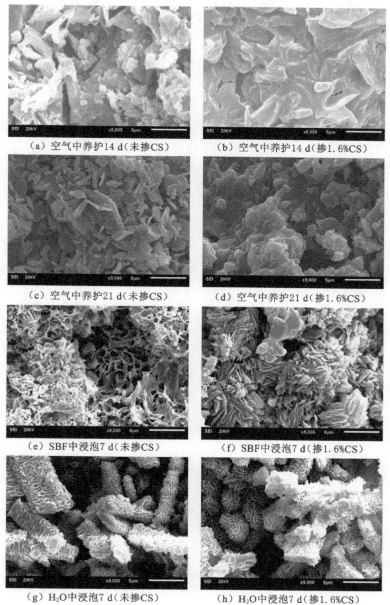

（a）空气中养护14 d（未掺CS）　　　（b）空气中养护14 d（掺1.6%CS）

（c）空气中养护21 d（未掺CS）　　　（d）空气中养护21 d（掺1.6%CS）

（e）SBF中浸泡7 d（未掺CS）　　　（f）SBF中浸泡7 d（掺1.6%CS）

（g）H_2O中浸泡7 d（未掺CS）　　　（h）H_2O中浸泡7 d（掺1.6%CS）

图 7-5　掺入壳聚糖前、后 MPC 的 SEM 图像

（i）H₂O中浸泡14 d（未掺CS）　　　（j）H₂O中浸泡14 d（掺1.6%CS）

（k）H₂O中浸泡21 d（未掺CS）　　　（l）H₂O中浸泡21 d（掺1.6%CS）

（m）PBS中浸泡21 d（未掺CS）　　　（n）PBS中浸泡21 d（掺1.6%CS）

图 7-5（续）

中浸泡后掺 CS 样品表面也比未掺表面致密，而在 SBF 和 PBS 中浸泡后，表面都出现大量的孔洞，但形成的晶体不同，SBF 中浸泡后形成的叶片状晶体，在 PBS 中浸泡后表面形成规则的条状 $MgKPO_4 \cdot 6H_2O/\ MgNH_4PO_4 \cdot 6H_2O$ 晶体。

7.4　本章小结

通过对不同 $n_{\mathrm{NH_4H_2PO_4}} : n_{\mathrm{KH_2PO_4}}$ 的磷酸镁骨水泥的实验和数据处理，并进行

物相分析,得出以下结论:

(1) 不同 $n_{NH_4H_2PO_4}$: $n_{KH_2PO_4}$ 对磷酸镁骨水泥的水化硬化的影响:$NH_4H_2PO_4$、KH_2PO_4 在溶液中的最佳反应 pH 值都约为 5。随着比值的增大,pH 值增大,水化反应延缓,凝结时间增加;只加 $NH_4H_2PO_4$ 的 MPC 比只加 KH_2PO_4 的强度高很多,但是只加 $NH_4H_2PO_4$ 时,在搅拌和成型的很长一段时间内容易放出氨气,严重影响其操作性和实用性。复合 KH_2PO_4 能很好地解决这个问题,强度也满足要求。由实验得出:物质的量之比为 3:2 时性能最佳。

(2) 掺入 CS 后在 PBS 溶液中浸泡时,抗压强度比掺之前高,这是因为 CS 改善了 MPC 的微观结构,使结构更紧密,提高了耐水性。

(3) 由 SEM 结果可以看出:掺入 CS 的 MPC,生成的棒状晶体为交叉搭接,微孔结构减少,这在一定程度上能提高材料的抗压强度。同时,当 CS 的质量分数增大到一定程度(大于 1.8%)时,抗压强度有所下降,这可能是因为 CS 质量分数过高时液相黏度过大,当固液相混合时,MPC 粉末被包裹并吸附在 CS 表面,难以混合均匀,因此阻碍了磷酸镁骨水泥的固化反应进程,最终导致抗压强度下降。

第8章 磷酸镁注浆材料的制备与表征

8.1 引言

当前地下工程建设中存在注浆材料用量大、成本高、对水泥原材料消耗过度、环境污染严重等突出问题,无法形成材料生产与环境相协调的产业化格局。据统计,平均每米地下矿井井筒水泥注入量高达 8～14 t,最高可达 30 t,可见水泥材料的消耗量非常大。为此,工业废渣资源化利用和新型绿色注浆材料研制开发具有广泛应用前景。

目前不管是水泥浆液还是新型化学浆材,都存在成本高、能耗大、稳定性差、污染环境、耐久性差等缺点,不能满足注浆工程对注浆性能的全部要求及在工程中的应用。因此,本书采用掺入粉煤灰改性的磷酸镁水泥(MPC)净浆制备注浆材料,不但有利于将大量工业废渣变废为宝、减少环境污染、降低注浆材料成本,而且该注浆材料的综合性能优异,为实现注浆材料节能环保和高性能化提供了选择,具有重要的现实意义。

8.2 实验材料与方法

氧化镁(MgO),高温烧结,产自海城市海菱镁业有限公司。磷酸二氢钾

(KH_2PO_4)，分析纯，含量 98%，产自上海实建化工有限公司。硼砂($Na_2B_4O_7$ · $10H_2O$)，分析纯，产自洛阳市化学试剂厂。粉煤灰，Ⅲ级，比表面积为 350 m^2/kg。

磷酸镁水泥(MPC)，水灰比为 0.15，$m_{Na_2B_4O_7 \cdot 10H_2O} : m_{MgO} = 9\%$，$m_{MgO} : m_{KH_2PO_4}$ 的值在 4∶1～5∶1 之间。

8.3　实验结果分析

8.3.1　不同磷酸盐的 MPC 净浆制备

选择 NaH_2PO_4 和 KH_2PO_4 分别进行实验，水灰比为 0.20，取镁磷质量比 $m_{MgO} : m_{磷酸盐} = 5$、5.2、5.4、5、5.6、5.8、6，分别测试其凝结时间，实验结果如图 8-1 所示，可知采用 KH_2PO_4 效果更好。

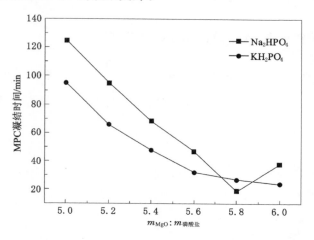

图 8-1　$m_{MgO} : m_{磷酸盐}$ 对 MPC 净浆凝结时间的影响

8.3.2　不同水灰比时的 MPC 净浆制备

$m_{Na_2B_4O_7 \cdot 10H_2O} = m_{MgO} \times 9\%$，$m_{MgO} : m_{KH_2PO_4} = 4.5∶1$，水灰比为 0.12、0.15、0.18、0.20、0.22。其实验结果如图 8-2 所示。

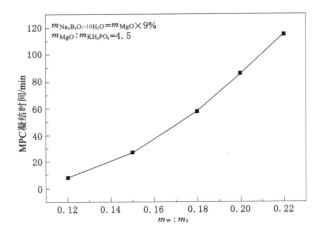

图 8-2　不同水灰比时 MPC 净浆的凝结时间

由图 8-2 中数据可知:增大水灰比将增加体系的凝结时间,水灰比为 0.15 时,净浆的凝结时间符合实验要求。

8.3.3　不同镁磷质量比时的 MPC 净浆制备

由图 8-2 可知:水灰比为 0.15,$m_{Na_2B_4O_7 \cdot 10H_2O} = m_{MgO} \times 9\%$,质量比 m_{MgO} : $m_{KH_2PO_4}$ 为 4、4.5、5、5.5、6 分组进行实验,并测其 1 d、3 d 抗压强度。其实验结果如图 8-3 所示。

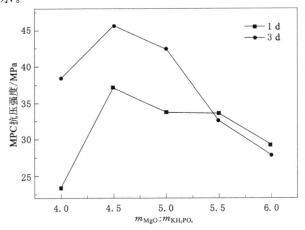

图 8-3　不同 m_{MgO} : $m_{KH_2PO_4}$ 时的 MPC 抗压强度

由图 8-3 中数据可知:增大镁、磷质量比,MPC 净浆的抗压强度先增大后减小。当 $m_{MgO}:m_{KH_2PO_4}=4.5$ 和 $m_{MgO}:m_{KH_2PO_4}=5$ 时,磷酸镁净浆的抗压强度较高。

8.3.4　不同粉煤灰掺量时的 MPC 净浆制备

水灰比为 0.15,$m_{MgO}:m_{KH_2PO_4}$ 为 4.5 和 5,$m_{Na_2B_4O_7\cdot10H_2O}=m_{MgO}\times9\%$,分组进行实验,并测其 1 d、3 d 抗压强度。其实验结果如图 8-4 所示。

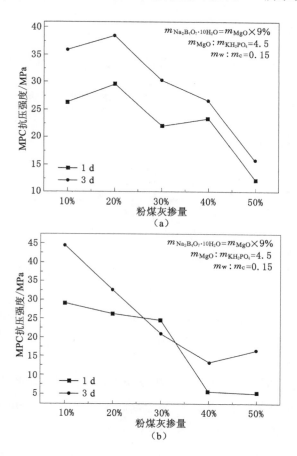

图 8-4　不同粉煤灰掺量对 MPC 抗压强度的影响

由图 8-4 中数据可知：当 $m_{MgO}：m_{KH_2PO_4}＝4.5$，粉煤灰掺量为 20％时，水泥净浆的抗压强度较高；当 $m_{MgO}：m_{KH_2PO_4}＝5$，粉煤灰掺量为 10％时，水泥净浆的抗压强度较高。

分析可知，粉煤灰掺量增加后，凝胶产物数量锐减，不足以完全覆盖掺合料和水化剩余的 MgO 颗粒，以及填充它们之间的孔隙，使材料抗压强度急剧下降，但是由于粉煤灰具有特殊的球形效应可以提高材料的密实度，所以降幅较小。

8.3.5 微观分析

图 8-5 为掺入粉煤灰的 MPC 净浆试块制成 7 d 后的 XRD 衍射图谱。

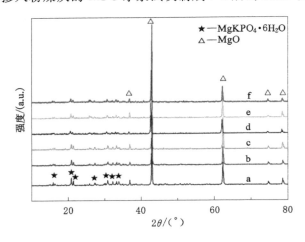

a—掺 0％；b—掺 10％；c—掺 20％；d—掺 30％；e—掺 40％；f—掺 50％。

图 8-5　掺粉煤灰前、后 MPC 的 XRD 图谱

由图 8-5 可知：MPC 的主要水化产物为 $MgKPO_4·6H_2O$(MKP)，浆体中还有大量未反应的 MgO。MKP 和未水化的 MgO 共同构成了 MPC 浆体的组成部分。

图 8-6 为 MPC 水化 7 d 后的 SEM、EDS 图片。

通过能谱分析发现：养护 7 d 后的 MPC 试块主要包含 Mg、P、K、C、O 等元素。在 MPC 浆体制备过程中掺入了大量的 $Na_2B_4O_7·10H_2O$，而 7 d 养护后产物中并没有发现任何的 B 元素，说明 $Na_2B_4O_7·10H_2O$ 更倾向于结合在

MgO 颗粒周围，$Na_2B_4O_7 \cdot 10H_2O$ 在 MPC 中仅参与针对 MgO 颗粒的化学反应，这也是 $Na_2B_4O_7 \cdot 10H_2O$ 缓凝的主要原因。能谱中显示大量 Mg、P 和 K 元素存在，说明其中含有大量水化磷酸钾镁，少量 C 元素可能是因为体系吸收了空气中的 CO_2 所致。

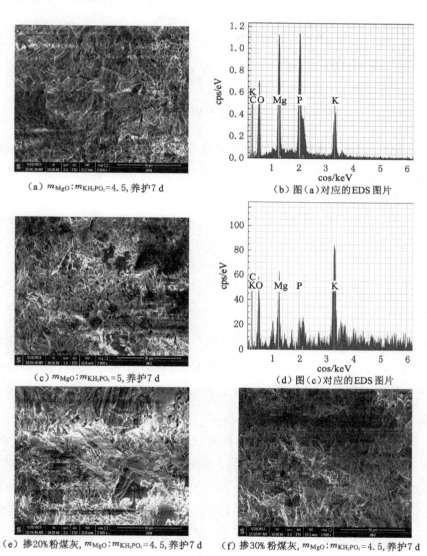

（a）$m_{MgO} : m_{KH_2PO_4} = 4.5$，养护 7 d

（b）图（a）对应的 EDS 图片

（c）$m_{MgO} : m_{KH_2PO_4} = 5$，养护 7 d

（d）图（c）对应的 EDS 图片

（e）掺 20% 粉煤灰，$m_{MgO} : m_{KH_2PO_4} = 4.5$，养护 7 d

（f）掺 30% 粉煤灰，$m_{MgO} : m_{KH_2PO_4} = 4.5$，养护 7 d

图 8-6 MPC 水化 7 d 后的 SEM、EDS 图片

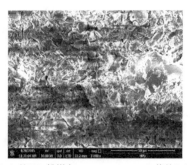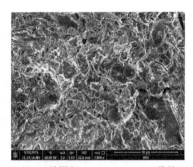

（g）掺20%粉煤灰, $m_{MgO}:m_{KH_2PO_4}=5$, 养护7 d　　（h）掺30%粉煤灰, $m_{MgO}:m_{KH_2PO_4}=5$, 养护7 d

图 8-6（续）

将 MPC 试块的 XRD、SEM 和能谱分析结果与抗压强度测试结果比较,可看出二者具有较好的对应关系。粉煤灰添加与否显著影响其结晶程度、晶体形态和微裂缝,进而影响 MPC 试块的抗水性能和抗压强度。粉煤灰由于其具有特殊的球形效应,可以提高材料的密实度,可使 MPC 试块中水化产物的结构更致密,在经受环境侵蚀时,MPC 试块的抗压强度损失率降低。

8.4　本章小结

本章以烧结 MgO、KH_2PO_4 及 $Na_2B_4O_7 \cdot 10H_2O$ 作为缓凝剂,通过调整水灰比、镁磷质量比、$Na_2B_4O_7 \cdot 10H_2O$ 掺量,找出最高强度配合比的磷酸镁净浆,然后加入粉煤灰改善其抗水性能,并进行微观分析探究影响其性能的主要因素。主要得到以下结论:

（1）MPC 的基本性能随原料和配合比变化有较大差异,主要影响因素有:MgO 与 KH_2PO_4 质量比、水灰比、粉煤灰掺量等。水灰比越大,MPC 净浆的凝结时间越长,抗压强度越小。

（2）$Na_2B_4O_7 \cdot 10H_2O$ 掺量为 9％时,MgO 与 KH_2PO_4 质量比越高,MPC 的凝结时间越短,MPC 在 MgO 与 KH_2PO_4 质量比为 4.5 和 5 时性能最佳。

（3）粉煤灰添加与否显著影响水化产物的结晶程度、晶体形态和微裂缝,进而影响 MPC 净浆试块的抗水性能和抗压强度。

　　MPC 作为一种新型建筑注浆材料,其性能优异,具有广阔的应用前景。磷酸镁注浆材料的研究与应用中有着大量亟待解决的问题,性能与价格的矛盾关系也是制约该注浆材料进一步发展的重要原因。近几年,国内学者逐步增大了对磷酸镁-粉煤灰注浆材料的研究力度,并取得了较为显著的研究成果。

第 9 章　主要结论与展望

本书主要对磷酸镁水泥(MPC)的制备及其改性进行了研究,取得了一些成果。

9.1　主要结论

(1) MPC 凝结时间随着缓凝剂与 MgO 质量比的增大而延长,MPC 早期抗压强度随硼砂对 MgO 质量分数的增大迅速降低,后期抗压强度所受影响较小。MPC 中硼砂质量为 MgO 质量的 $5\%\sim10\%$ 为宜。

(2) MPC 凝结固化后主要含水化产物为 $MgKPO_4 \cdot 6H_2O$(MKP),MPC 的 7 d 抗压强度可达 75.5 MPa。在 MPC 水化反应过程中,硼砂对水化产物的早期生成量和组织结构都有一定影响。随着硼砂对 MgO 质量分数增大,对 MgO 颗粒溶解的抑制作用增强,MPC 水化产物结晶形态不规则且堆积松散,从而使 MPC 凝结时间和早期抗压强度发生变化。而有些未溶解的硼砂颗粒,则由于表面光滑,与材料的黏结力很小,造成材料中薄弱环节增加,也会使材料的力学性能下降,该质量分数越大,这种影响越大。

(3) 壳聚糖(CS)含量为 1.4% 时可以得到较短的凝结时间和较高的抗压强度(8.5 min,7 d 时为 88.1 MPa);MPC 试样经 H_2O、PBS 和 SBF 浸泡后,随着浸泡时间的延长,强度损失逐渐增大,抗水性能较差;添加 CS 可使 MPC 硬化体的结构更致密,在经受水环境侵蚀时,MPC 硬化体的强度损失率明显减小,CS

能提高 MPC 的抗水性能;同时,MPC 在 SBF 中浸泡后表面有球状类骨磷灰石晶体生成,具有生物活性。

（4）$n_{\mathrm{NaH_2PO_4 \cdot 2H_2O}} : n_{\mathrm{NH_4H_2PO_4}}$ 的最佳配合比为 2 : 3,CS 的最佳配合比为 1% 时可获得性能优异的 MPC,而 $n_{\mathrm{NH_4H_2PO_4}} : n_{\mathrm{KH_2PO_4}}$ 的最佳配合比为 3 : 2 时可获得性能优异的 MPC。MPC 浆体在 PBS 溶液中浸泡后强度有所降低。当 $n_{\mathrm{NaH_2PO_4 \cdot 2H_2O}} : n_{\mathrm{KH_2PO_4}}$ 为 1 时,其抗压强度最高,凝结时间为 9 min;凝结时间随 KH_2PO_4 掺量的增加而降低,KH_2PO_4 体系的反应产物比较单一,只有全部条件满足了才能形成,一旦水化产物生成就开始凝结硬化,因此,KH_2PO_4 体系凝结时间略低于 NaH_2PO_4。

（5）PBS 溶液的缓冲作用可以在一定程度上控制水泥水化过程中产生的 pH 值变化。掺入 CS 后再进行 PBS 溶液浸泡时,抗压强度比掺之前高,这是因为壳聚糖改善了 MPC 的微观结构,使 MPC 结构更紧密,提高了耐水性能。复合了 CS 的 MPC,生成的晶体为交叉结合的棒状,微孔结构减少,这在一定程度上能提高材料的抗压强度。同时,当 CS 的质量分数增大到一定程度（大于 1.8%）时,抗压强度有所下降,这可能是因为 CS 质量分数过高时液相黏度过大,当固、液相混合时,MPC 粉末被包裹并吸附在 CS 表面,难以混合均匀,因此阻碍了 MPC 的固化反应进程,最终导致强度下降。

（6）MPC 注浆材料的基本性能随着原料和配合比变化有较大差异,主要影响因素有:MgO 与 KH_2PO_4 质量比、水灰比、粉煤灰掺量等。水灰比越大,MPC 净浆的凝结时间越长,抗压强度越小。硼砂掺量为 9% 时,MgO 与 KH_2PO_4 质量比越高,MPC 的凝结时间越短,MPC 在 MgO 与 KH_2PO_4 质量比为 4.5~5 时性能最佳。粉煤灰添加与否显著影响水化产物的结晶程度、晶体形态和微裂缝,进而影响 MPC 净浆试块的抗水性能和抗压强度。

9.2　展望

由于 MPC 是凝结硬化快、早强、黏结强度高、干燥收缩小、耐磨、抗冻、生物相容性好的新型胶凝材料,除了在民用、军事建筑中应用外,还可以用于生物医用骨水泥以改变目前使用磷酸钙骨水泥强度低而仅用于非承重部位的现状。MPC 由于抗水性能较差,在水溶液环境中容易降解从而造成强度损失。作为生物医用骨水泥使用时可用作可降解骨水泥,但是也正因为 MPC 的抗水性能差,所以在体液环境中降解太快,与新骨的生成速度不匹配,从而造成植入失败。所以当将 MPC 植入体内时,需要对其进行改性研究,使其降解速度可控。这将是今后生物医用材料应用研究的一个重点方向。

MPC 具有强度高、凝结快的性能,其作为一种性能优异的新型建筑注浆材料具有广阔的应用前景。但是磷酸镁注浆材料的研究与应用中有着大量亟待解决的问题。

参 考 文 献

［1］姜洪义,周环,杨慧. 超快硬磷酸盐修补水泥水化硬化机理的研究［J］. 武汉理工大学学报,2002,24(4):18-20.

［2］WAGH A S,JEONG S Y. Chemically bonded phosphate ceramics of trivalent oxides of iron and manganese:US6498119［P］. 2002-12-24.

［3］JIANG H Y, ZHANG L M. Investigation of phosphate cement-based binder with super high early strength for repair of concrete［J］. Journal of Wuhan University of Technology(materials science edition),2001, 16 (3): 46-48.

［4］SUGAMA T,KUKACKA L E. Characteristics of magnesium polyphosphate cements derived from ammonium polyphosphate solutions［J］. Cement and concrete research,1983,13(4):499-506.

［5］YANG Q,ZHU B,WU X. Characteristics and durability test of magnesium phosphate cement-based material for rapid repair of concrete［J］. Materials and structures,2000,33(4):229-234.

［6］ABDELRAZIG B. Chemical reactions in magnesia-phosphate cement［C］//Proceedings of the Proc Br Ceram Soc, F. ［S. l. :s. n. ］,1984.

［7］XU B W,MA H Y,LI Z J. Influence of magnesia-to-phosphate molar ratio on microstructures, mechanical properties and thermal conductivity of magnesium potassium phosphate cement paste with large water-to-solid ratio[J]. Cement and concrete research,2015,68:1-9.

[8] 汪宏涛,钱觉时,曹巨辉.磷酸镁水泥基材料复合减水剂的应用研究[J].建筑材料学报,2007,10(1):71-76.

[9] LI Z J,DING Z. Property improvement of Portland cement by incorporating with metakaolin and slag[J]. Cement and concrete research,2003,33(4):579-584.

[10] SOUDÉE E,PÉRA J. Influence of magnesia surface on the setting time of magnesia-phosphate cement[J]. Cement and concrete research,2002,32(1):153-157.

[11] 杨建明,钱春香,张青行,等.原料粒度对磷酸镁水泥水化硬化特性的影响[J].东南大学学报(自然科学版),2010,40(2):373-379.

[12] 常远,史才军,杨楠,等.不同细度 MgO 对磷酸钾镁水泥性能的影响[J].硅酸盐学报,2013,41(4):492-499.

[13] 齐召庆,汪宏涛,丁建华,等.MgO 细度对磷酸镁水泥性能的影响[J].后勤工程学院学报,2014,30(6):50-54.

[14] LI Y,SUN J,CHEN B. Experimental study of magnesia and M/P ratio influencing properties of magnesium phosphate cement[J]. Construction and building materials,2014,65:177-183.

[15] 常远,史才军,杨楠,等.磷酸镁水泥基材料耐久性研究进展[J].硅酸盐学报,2014,42(4):486-493.

[16] 胡张莉,史才军,杨建明,等.运用 Bayes 网络研究不同因素对磷酸镁水泥凝结时间的影响[J].硅酸盐学报,2014,42(1):38-44.

[17] 焦宝祥,周启兆,阎晓波,等.MgO-(NH4)2HPO4-K2HPO4-H2O 新型磷酸镁水泥[J].建筑材料学报,2012,15(1):131-134.

[18] CHAU C K,QIAO F,LI Z J. Microstructure of magnesium potassium phosphate cement[J]. Construction and building materials,2011,25(6):2911-2917.

[19] FAN S J,CHEN B. Experimental study of phosphate salts influencing

properties of magnesium phosphate cement[J]. Construction and building materials,2014,65:480-486.

[20] 杨建明,钱春香,焦宝祥,等. $Na_2HPO_4 \cdot 12H_2O$ 对磷酸镁水泥水化硬化特性的影响[J].建筑材料学报,2011,14(3):299-304.

[21] 高瑞,宋学锋,张县云,等.不同磷酸盐对磷酸镁水泥水化硬化性能的影响[J].硅酸盐通报,2014,33(2):346-350.

[22] 雒亚莉.新型早强磷酸镁水泥的试验研究和工程应用[D].上海:上海交通大学,2010.

[23] HALL D A,STEVENS R,EL-JAZAIRI B. The effect of retarders on the microstructure and mechanical properties of magnesia-phosphate cement mortar[J]. Cement and concrete research,2001,31(3):455-465.

[24] 杨建明,钱春香,焦宝祥,等.缓凝剂硼砂对磷酸镁水泥水化硬化特性的影响[J].材料科学与工程学报,2010,28(1):31-35.

[25] WAGH A S. Chemically bonded phosphate ceramics:twenty-first century materials with diverse applications [M]. Amsterdam:Elsevier,2004.

[26] 丁铸,李宗津.早强磷硅酸盐水泥的制备和性能[J].材料研究学报,2006,20(2):141-147.

[27] 林玮,孙伟,李宗津.磷酸镁水泥中的粉煤灰效应研究[J].建筑材料学报,2010,13(6):716-721.

[28] RIBEIRO D V,MORELLI M R. Influence of the addition of grinding dust to a magnesium phosphate cement matrix[J]. Construction and building materials,2009,23(9):3094-3102.

[29] 黄煜镔,王润泽,周静静,等.EVA乳液对磷酸镁水泥性能的影响研究[J].功能材料,2014,45(11):11071-11075.

[30] 黄煜镔,王润泽,余帆,等.磷酸镁水泥的聚合物改性研究[J].湖南大学学报(自然科学版),2014,41(7):56-63.

[31] 李九苏,王宇文,张文勃.磷酸镁水泥混凝土耐久性试验研究[J].硅酸盐通报,2014,33(10):2666-2671.

[32] DONAHUE P K, ARO M D. Durable phosphate-bonded natural fiber composite products[J]. Construction and building materials,2010,24(2): 215-219.

[33] WAGH A S,JEONG S Y. Chemically bonded phosphate ceramics: I, A dissolution model of formation[J]. Journal of the American ceramic society,2003,86(11):1838-1844.

[34] SARKAR A. Investigation of reaction/bonding mechanisms in regular and retarded magnesium ammonium phosphate cement systems[J]. Ceram trans,1993,40:281-288.

[35] WAGH A S, JEONG S Y, SINGH D. High strength phosphate cement using industrial byproduct ashes[C] //Proceedings of the Proc first intl conf on high strength concrete. [S. l. :s. n.],1997.

[36] DOYLE J D, PARSONS S A. Struvite formation,control and recovery [J]. Water research,2002,36(16):3925-3940.

[37] STRATFUL I,SCRIMSHAW M D,LESTER J N. Conditions influencing the precipitation of magnesium ammonium phosphate [J]. Water research,2001,35(17):4191-4199.

[38] NELSON N O,MIKKELSEN R L,HESTERBERG D L. Struvite precipitation in anaerobic swine lagoon liquid:effect of pH and Mg:P ratio and determination of rate constant[J]. Bioresource technology,2003,89(3): 229-236.

[39] JAFFER Y,CLARK T A,PEARCE P,et al. Potential phosphorus recovery by struvite formation[J]. Water research,2002,36(7):1834-1842.

[40] MA H Y, XU B W, LI Z J. Magnesium potassium phosphate cement paste:Degree of reaction, porosity and pore structure[J]. Cement and concrete research,2014,65:96-104.

[41] 李东旭,李鹏晓,冯春花. 磷酸镁水泥耐水性的研究[J]. 建筑材料学报, 2009,12(5):505-510.

[42] 盖蔚,刘昌胜,王晓芝.复合添加剂对磷酸镁骨粘结剂性能的影响[J].华东理工大学学报,2002,28(4):393-396.

[43] SHI C J,YANG J M,YANG N,et al. Effect of waterglass on water stability of potassium magnesium phosphate cement paste[J]. Cement and concrete composites,2014,53:83-87.

[44] 陈兵,吴震,吴雪萍.磷酸镁水泥改性试验研究[J].武汉理工大学学报,2011,33(4):29-34.

[45] 黄义雄,钱觉时,王庆珍,等.粉煤灰对磷酸盐水泥耐水性能的影响[J].材料导报,2011,25(S1):470-473.

[46] 谭永山,余红发,李颖,等.利用盐湖提锂副产含硼氧化镁制备粉煤灰磷酸钾镁水泥[J].硅酸盐学报,2014,42(11):1362-1369.

[47] 姜洪义,张联盟.超快硬磷酸盐混凝土路面修补材料性能的研究[J].公路,2002,47(3):87-89.

[48] 汪宏涛.高性能磷酸镁水泥基材料研究[D].重庆:重庆大学,2006.

[49] 蒋江波,薛明,汪宏涛,等.海工磷酸镁水泥基材料的制备及性能研究[J].功能材料,2012,43(7):828-830.

[50] 甄树聪,杨建明,张青行,等.磷酸镁水泥抗氯离子侵蚀性能研究[J].建筑材料学报,2010,13(5):700-704.

[51] 杨全兵,吴学礼.新型超快硬磷酸盐修补材料的研究[J].混凝土与水泥制品,1995(6):13-15.

[52] YANG Q B,ZHANG S Q,WU X L. Deicer-scaling resistance of phosphate cement-based binder for rapid repair of concrete[J]. Cement and concrete research,2002,32(1):165-168.

[53] 伊海赫,张毅,陆建兵,等.低温条件下磷酸镁水泥的失效研究[J].硅酸盐通报,2014,33(1):197-201.

[54] 姜洪义,梁波,张联盟.MPB超早强混凝土修补材料的研究[J].建筑材料学报,2001,4(2):196-198.

[55] 王景然,马保国,李相国,等.磷酸镁水泥固化 Pb^{2+}、Zn^{2+}、Cu^{2+} 及其水化

产物研究[J]. 功能材料,2014,45(5):5060-5064.

[56] 马保国,王景然,李相国,等. 不同环境条件下磷酸镁水泥对硝酸铅的固化[J]. 功能材料,2013,44(21):3183-3185.

[57] VIANI A, GUALTIERI A F. Preparation of magnesium phosphate cement by recycling the product of thermal transformation of asbestos containing wastes[J]. Cement and concrete research,2014,58:56-66.

[58] YU Y L, WANG J, LIU C S, et al. Evaluation of inherent toxicology and biocompatibility of magnesium phosphate bone cement[J]. Colloids and surfaces B:Biointerfaces,2010,76(2):496-504.

[59] 张秉文,俞永林,刘昌胜,等. 应用 UDS 和微核试验评价磷酸镁骨黏合剂的遗传毒理效应[J]. 复旦学报(医学版),2009,36(5):581-584.

[60] BUJ I, TORRAS J, ROVIRA M, et al. Leaching behaviour of magnesium phosphate cements containing high quantities of heavy metals[J]. Journal of hazardous materials,2010,175(1-3):789-794.

[61] WU F, WEI J, GUO H, et al. Self-setting bioactive calcium-magnesium phosphate cement with high strength and degradability for bone regeneration[J]. Acta biomaterialia,2008,4(6):1873-1884.

[62] OSTROWSKI N, SHARMA V, ROY A, et al. Systematic assessment of synthesized tri-magnesium phosphate powders (amorphous,semi-crystalline and crystalline) and cements for ceramic bone cement applications[J]. Journal of materials science & technology,2015,31(5):437-444.

[63] CABREJOS-AZAMA J, ALKHRAISAT M H, RUEDA C, et al. Magnesium substitution in brushite cements for enhanced bone tissue regeneration[J]. Materials science and engineering:C,2014,43:403-410.

[64] PANETTA N J, GUPTA D M, LONGAKER M T. Bone regeneration and repair[J]. Current stem cell research & therapy,2010,5(2):122-128.

[65] HABIBOVIC P, BARRALET J E. Bioinorganics and biomaterials:bone repair[J]. Acta biomaterialia,2011,7(8):3013-3026.

[66] TAMIMI F,NIHOUANNEN D L,BASSETT D C,et al. Biocompatibility of magnesium phosphate minerals and their stability under physiological conditions[J]. Acta biomaterialia,2011,7(6):2678-2685.

[67] LANDI E,LOGROSCINO G,PROIETTI L,et al. Biomimetic Mg-substituted hydroxyapatite:from synthesis to in vivo behaviour[J]. Journal of materials science:materials in medicine,2008,19(1):239-247.

[68] JANNING C,WILLBOLD E,VOGT C,et al. Magnesium hydroxide temporarily enhancing osteoblast activity and decreasing the osteoclast number in peri-implant bone remodelling[J]. Acta biomaterialia,2010,6(5):1861-1868.

[69] STENDIG-LINDBERG G,KOELLER W,BAUER A,et al. Experimentally induced prolonged magnesium deficiency causes osteoporosis in the rat[J]. European journal of internal medicine,2004,15(2):97-107.

[70] BOANINI E,GAZZANO M,BIGI A. Ionic substitutions in calcium phosphates synthesized at low temperature[J]. Acta biomaterialia,2010,6(6):1882-1894.

[71] LALLY T J. Cartilage simulating bio-material composition and method:US20100034898[P]. 2010-02-11.

[72] LALLY T,PRASAD S. Hemostatic bio-material composition and method:US20120308552[P]. 2012-12-06.

[73] LALLY T. Multi-purpose bio-material composition:11813365[P]. 2006-09-11.

[74] TAY K C Y,LOUSHINE B A,OXFORD C,et al. In vitro evaluation of a ceramicrete-based root-end filling material[J]. Journal of endodontics,2007,33(12):1438-1443.

[75] FADEEV I V,SHVORNEVA L I,BARINOV S M,et al. Synthesis and structure of magnesium-substituted hydroxyapatite[J]. Inorganic materials,2003,39(9):947-950.

[76] SUCHANEK W L, BYRAPPA K, SHUK P, et al. Mechanochemical-hydrothermal synthesis of calcium phosphate powders with coupled magnesium and carbonate substitution[J]. Journal of solid state chemistry, 2004,177(3):793-799.

[77] KANNAN S, LEMOS I A F, ROCHA J H G, et al. Synthesis and characterization of magnesium substituted biphasic mixtures of controlled hydroxyapatite/β-tricalcium phosphate ratios[J]. Journal of solid state chemistry, 2005,178(10):3190-3196.

[78] 吴建国,俞永林,刘昌胜,等. 两种无机骨水泥对家兔内脏毒性的比较研究[J]. 复旦学报(医学版),2005,32(6): 81-84.

[79] YANG G Y, LIU J L, LI F, et al. Bioactive calcium sulfate/magnesium phosphate cement for bone substitute applications[J]. Materials science and engineering:C,2014,35:70-76.

[80] 戴红莲,胡付俭,方彩萍,等. 可注射镁基磷酸钙骨水泥的研究[J]. 无机材料学报,2014,29(9):991-996.

[81] MESTRES G, GINEBRA M P. Novel magnesium phosphate cements with high early strength and antibacterial properties[J]. Acta biomaterialia,2011,7(4):1853-1861.

[82] MESTRES G, ABDOLHOSSEINI M, BOWLES W, et al. Antimicrobial properties and dentin bonding strength of magnesium phosphate cements [J]. Acta biomaterialia,2013,9(9):8384-8393.

[83] GULOTTA L V, KOVACEVIC D, YING L, et al. Augmentation of tendon-to-bone healing with a magnesium-based bone adhesive[J]. The American journal of sports medicine,2008,36(7):1290-1297.

[84] HIRVINEN L J, LITSKY A S, SAMII V F, et al. Influence of bone cements on bone-screw interfaces in the third metacarpal and third metatarsal bones of horses[J]. American journal of veterinary research,2009, 70(8):964-972.

[85] 刘子胜,刘昌胜. 无机骨粘固剂:磷酸镁骨水泥的研究进展[J]. 材料导报,
2000,14(5):29-32.

[86] BROWN W E,CHOW L C. A new calcium phosphate, water-setting
cement. In:Brow PW, ed. Cements research progress[M]. Westerville:
American Ceramic Society,1987:351-79.

[87] 刘昌胜. 新型骨修复材料—磷酸钙骨水泥的制备及其应用基础研究[D].
上海:华东理工大学,1996.

[88] SARKAR A K. Phosphate cement-based fast-setting binders[J]. Ameri-
can ceramic society bulletin,1990,69(2): 234-238.

[89] 薛明,曹巨辉,蒋江波,等. 硼砂对磷酸镁水泥性能影响及微观作用机理分
析[J]. 后勤工程学院学报,2011,27(6):52-55.

[90] GONTAR W A,MARTIN J P,POPOVICS J S. Effects of cyclic loading
on chloride permeability of plain concrete[C] //Condition Monitoring of
Materials and Structures. Austin,Texas,USA. Reston,VA:American so-
ciety of civil engineers,2000:95-107.

[91] YANG T L. Chitin-based materials in tissue engineering:applications in
soft tissue and epithelial organ[J]. International journal of molecular
sciences,2011,12(3):1936-1963.

[92] JAYAKUMAR R,PRABAHARAN M,SUDHEESH KUMAR P T,
et al. Biomaterials based on chitin and chitosan in wound dressing appli-
cations[J]. Biotechnology advances,2011,29(3):322-337.

[93] VENKATESAN J,KIM S K. Chitosan composites for bone tissue engi-
neering:an overview[J]. Marine drugs,2010,8(8):2252-2266.

[94] SINHA V R,SINGLA A K,WADHAWAN S,et al. Chitosan micro-
spheres as a potential carrier for drugs[J]. International journal of phar-
maceutics,2004,274(1-2):1-33.

[95] LU G Y,ZHU L,KONG L J,et al. Porous chitosan microcarriers for
large scale cultivation of cells for tissue engineering:fabrication and eval-

uation[J]. Tsinghua science and technology,2006,11(4):427-432.

[96] YANG K,WEI J,WANG C Y,et al. A study on in vitro and in vivo bioactivity of nano hydroxyapatite/polymer biocomposite[J]. Chinese science bulletin,2007,52(2):267-271.

[97] SOUDÉE E,PÉRA J. Mechanism of setting reaction in magnesia-phosphate cements[J]. Cement and concrete research,2000,30(2):315-321.

[98] SOUDÉE E,PÉRA J. Influence of magnesia surface on the setting time of magnesia-phosphate cement[J]. Cement and concrete research,2002,32 (1):153-157.

[99] JIANG HONGYI,ZHANG LIANMENG. Study of magnesium phosphate cement[J]. Journal of Wuhan University of technology,2001,23 (1):32-34.

[100] XUE MING,CAO JUHUI,JIANG JIANGBO,et al. Influence of borax on properties of magnesium phosphate cement and its microscopic mechanism [J]. Journal of Logistical Engineering University,2011,27(6): 52-55.

[101] ZHANG S Y,SHI H S,HUANG S W,et al. Dehydration characteristics of struvite-K pertaining to magnesium potassium phosphate cement system in non-isothermal condition[J]. Journal of thermal analysis and calorimetry,2013,111(1):35-40.

[102] 李鹏晓,杜亮波,李东旭. 新型早强磷酸镁水泥的制备和性能研究[J]. 硅酸盐通报,2008,27(1):20-25.

[103] VIRIDÉN A,WITTGREN B,LARSSON A. The consequence of the chemical composition of HPMC in matrix tablets on the release behaviour of model drug substances having different solubility[J]. European journal of pharmaceutics and biopharmaceutics,2011,77(1):99-110.

[104] GHIMIRE M,HODGES L A,BAND J,et al. In-vitro and in-vivo erosion profiles of hydroxypropylmethylcellulose（HPMC）matrix tablets[J].

Journal of controlled release,2010,147(1):70-75.

[105] SIEPMANN J,PEPPAS N A. Modeling of drug release from delivery systems based on hydroxypropyl methylcellulose（HPMC）[J]. Advanced drug delivery reviews,2001,48(2/3):139-157.

[106] 赵瑾,贺慧宁,成国祥. HPMC 凝胶模板诱导羟基磷灰石的合成[J]. 天津大学学报,2008,41(7):839-842.

[107] SHAHIN A,NICOLAI T,BENYAHIA L,et al. Evidence for the coexistence of interpenetrating permanent and transient networks of hydroxypropyl methyl cellulose[J]. Biomacromolecules,2014,15(1): 311-318.

[108] 马晓微. 难溶性药物在 HPMC 骨架片中释药行为的研究[D]. 杭州:浙江大学,2002.[知网]

[109] 左奕. 羟基磷灰石/聚酰胺/聚乙烯三元复合仿生材料研究[D]. 成都:四川大学,2006.

[110] HALL D A,STEVENS R,EL-JAZAIRI B. The effect of retarders on the microstructure and mechanical properties of magnesia-phosphate cement mortar[J]. Cement and concrete research,2001,31(3):455-465.

[111] BOTTINGA Y,WEILL D F,RICHET P. Density calculations for silicate liquids:Reply to a critical comment by ghiorso and carmichael[J]. Geochimica et cosmochimica acta,1984,48(2):409-414.

[112] BERTOŠA B,ALEKSI Ć M,KARMINISKI-ZAMOLA G,et al. QSAR analysis of antitumor active amides and quinolones from thiophene series [J]. International journal of pharmaceutics,2010,394(1-2):106-114.

[113] XU H H K,SIMON C G Jr. Fast setting calcium phosphate-chitosan scaffold:mechanical properties and biocompatibility[J]. Biomaterials, 2005,26(12):1337-1348.

[114] SUGAMA T,KUKACKA L E. Magnesium monophosphate cements derived from diammonium phosphate solutions[J]. Cement and concrete

research,1983,13(3):407-416.

[115] BONFIELD W,GRYNPAS M D,TULLY A E,et al. Hydroxyapatite reinforced polyethylene:a mechanically compatible implant material for bone replacement[J]. Biomaterials,1981,2(3):185-186.